Großraumwirtschaft in der deutschen Gasversorgung

Von

Dr.-Ing. Lüder Segelken

Mit 51 Abbildungen

München und Berlin 1937

Verlag von R. Oldenbourg

Vorwort.

Forschung und Kampf sind die Paten des technischen Fortschrittes. Forschung und Kampf standen auch an der Wiege der deutschen Großraumgaswirtschaft.

Forschergeist war es, der zuerst den Gedanken einer deutschen Großgaswirtschaft gebar. Kämpfergeist war es, den dieser Gedanke wachrief, und heute ist es wiederum Sache der Forschung, die Erfahrungen und Erkenntnisse der Kampfzeit zu neuem Fortschritt fruchtbar zu machen.

Dem Verfasser der vorliegenden Arbeit war es vergönnt, jahrelang in einem der heißumstrittensten Gaswirtschaftsbezirke Deutschlands an führender Stelle mitkämpfen und mitforschen zu dürfen. Wieder und wieder drängte sich dabei die Erkenntnis auf, wieviel Wirtschafts- und damit Volkskraft schon verloren gegangen war und noch verloren zu gehen drohte, wenn die deutsche Gasversorgung weiterhin in Einzelbetrachtungen, Einzelmaßnahmen und örtlichen Bindungen verhaftet blieb, und wieviel für Volk und Wirtschaft zu gewinnen war, wenn es gelang, alle Kräfte planmäßig einem Ziele zuzuführen.

Die Verwirklichung eines solchen Gedankens konnte freilich nur erhofft werden, wenn auch der einzelne Gaswirtschaftler sich mit Überzeugung die neue Einstellung zu eigen machte. Überzeugen aber vermag letzten Endes nur das Ergebnis sachlicher Forschung.

So entstand denn das Ziel der vorliegenden Arbeit: die vielfachen Wechselwirkungen zwischen Einzelwerk und Werksgruppe, örtlicher und überörtlicher Gasbeschaffung, den deutschen Versorgungsquellen und dem deutschem Versorgungsraum, kurz das gesamte Problem der Großraumwirtschaft in der deutschen Gasversorgung eingehend zu durchforschen und aus den Ergebnissen dieser Forschung zwingende Schlußfolgerungen für die zukünftige Gestaltung der deutschen Gasversorgung herzuleiten.

Noch während der Entstehung der Arbeit erschien das Energiewirtschaftsgesetz, das diesem Bestreben gleichsam die gesetzliche Sanktionierung gab.

Die Lösung der skizzierten Aufgabe war nicht leicht. Zunächst galt es, eine feste Forschungsgrundlage zu gewinnen. Ein kurzer Gesamtüberblick über den Werdegang und den heutigen Zustand der deutschen Gasversorgung diente diesem Ziele und bot gleichzeitig Gelegenheit, diejenigen Eigenarten der deutschen Gasversorgung kennenzulernen, die am meisten verbesserungsbedürftig sind.

Dann mußten die beiden Hauptfaktoren jeder Gaswirtschaftsgestaltung, die Erzeugung und der Versand des Gases, auf ihre wirtschaftlichen Grundgesetze untersucht und zueinander in Beziehung gesetzt werden. Neue Begriffe mußten dabei geprägt, neue Blickpunkte erschlossen, Gesetze neu hergeleitet werden, um zu klaren und eindeutigen Schlußfolgerungen zu gelangen. Besonders die Durchforschung der Kapitalwirtschaft der Gaserzeugungsanlagen führte zu interessanten neuen Feststellungen. Auch bei den Gasversandanlagen gelang es, durch neue Forschungen zu einer überraschend einfachen und fruchtbaren Gesamtübersicht vorzustoßen. Die Kokereigasfrage wurde ebenfalls in allen Verzweigungen eingehend untersucht.

So konnte schließlich ein Ergebnis erreicht werden, das, wenn es auch nicht bis in alle Einzelheiten ausgearbeitet wurde, so doch in seinen Grundzügen als zwingend bezeichnet werden darf. Dies um so mehr, als bei seiner Herleitung auch die sozialen Begleiterscheinungen wie auch die Rückwirkungen auf andere Zweige der deutschen Energieversorgung eingehend erforscht und berücksichtigt wurden.

Um trotz der durch den Zweck der Arbeit gebotenen Gründlichkeit Längen zu vermeiden, wurde ein großer Teil der Grundlagen und Zwischenergebnisse in die Form leicht faßlicher graphischer Darstellungen gebracht.

Beim Zusammentragen des Zahlen- und Tatsachenmaterials hat Verfasser bewußt darauf verzichtet, Einzelerkundigungen bei den kämpfenden Parteien einzuziehen. Die gesamten statistischen Unterlagen entstammen vielmehr der Fachliteratur oder sonstigen Veröffentlichungen, die jedermann zugänglich sind.

Aus dem Streben nach weitgehender Sachlichkeit wurde auch darauf verzichtet, in eine Erörterung der umfänglichen und teils recht polemischen Veröffentlichungen über die Ferngasfrage einzutreten. Soweit Fachliteratur angeführt ist, handelt es sich um das Ergebnis wissenschaftlicher Untersuchungen.

Nur durch alle diese Maßnahmen konnte ein Werk entstehen, das in seinen Grundlagen wie in seinen wichtigsten Schlußfolgerungen zwingend und eindeutig war, eindeutig nicht nur in der Zielstellung, sondern auch in der nachgewiesenen Notwendigkeit, dieses Ziel auf geradem Wege und ohne verteuernde Umschweife zu erreichen.

So wird denn das vorliegende, aus Kampf geborene, durch Forschung gestaltete Buch mit dem Wunsche der Öffentlichkeit übergeben, daß es einem organischen Ausbau einer deutschen Großraumgaswirtschaft dienlich sein möge, nicht durch Werbung, sondern durch Überzeugung.

Frankfurt a. M., im Herbst 1937

Der Verfasser.

Inhaltsverzeichnis.

I. Teil.

Einleitung.

Die Großraumwirtschaft ist die große ungelöste Gegenwartsfrage der deutschen Gasversorgung. Aus der gesamten seitherigen Entwicklung zwangsläufig herangewachsen, steht sie heute im Mittelpunkte wichtiger Entscheidungen. Ob man die Gegenwarts- und Zukunftsaufgaben der Gasversorgung in geographischer, sicherheitstechnischer und energiewirtschaftlicher Hinsicht betrachtet, den Tariffragen nachgeht, die Koksfrage, das nationale Treibstoffproblem, die Frage der Zusammenarbeit Gas und Elektrizität oder sonstige energiewirtschaftliche Fragen untersucht, ob man an die Verwertung der Gasüberschüsse in den deutschen Bergbaugebieten oder an die siedlungspolitische Neuordnung des deutschen Raumes denkt, stets wird man auf die Großraumfrage hingelenkt, in der sich alle diese Probleme knotenartig zusammenschürzen.

Aber nicht nur in Deutschland, auch in anderen Ländern ist die Großraumfrage mehr und mehr zum Kernproblem der Gasversorgung geworden. Sie nimmt schon seit Jahren einen breiten Raum auf den internationalen Fachtagungen und Weltkraftkonferenzen ein. Fragen eines großzügigen Zusammenschlusses der örtlichen Gaserzeugung untereinander, wie auch solche der Einbeziehung überschüssiger Kokereigasmengen in die allgemeine Gasversorgung stehen hier wie dort im Mittelpunkt der Erörterungen[1]). Doch ist das Großraumproblem wohl nirgends so entscheidungsreif wie in Deutschland.

An der Lösung dieser für die deutsche Energiewirtschaft entscheidenden Frage durch Klarstellung der Grundlagen und Unterbreitung hierauf aufgebauter praktischer Vorschläge mitzuarbeiten, ist das Ziel der vorliegenden Arbeit.

A. Die Bedeutung des Entwicklungstempos für die Großraumwirtschaft.

Vorweg sei bemerkt, daß der wirtschaftliche Nutzen einer Großraumwirtschaft nicht nur von ihrer Form, sondern auch von der Art und insbesondere dem Tempo ihrer Durchführung abhängt.

---

[1]) Siehe z. B. Segelken, »Die Kokereigasfrage im Gebiete des nordwesteuropäischen Kohlengürtels« (Zeitschrift »Gas«, 1936, Nr. 5/6).

Zwei Möglichkeiten gibt es, Großraumwirtschaft zu erreichen. Die eine besteht darin, aus Einzelanlagen zunächst Kleinraumwirtschaften zu bilden, diese dann zu größeren Komplexen zusammenzuschließen und so gleichsam von unten her zu einer Großraumwirtschaft zu gelangen. Die andere besteht darin, ein Großraumnetz von vornherein zum mindesten zu planen, soweit möglich und wirtschaftlich auch in einem Zuge durchzuführen und die Kleinraumwirtschaft hiernach auszurichten.

Beide Möglichkeiten unterscheiden sich rein äußerlich nur durch Reihenfolge und Entwicklungstempo. Aber gerade hierin liegen einschneidende und viel zu wenig beachtete Unterschiede wirtschaftlicher Natur.

Die erstere Möglichkeit erscheint zunächst als die organischere. Auch kann auf das Beispiel der Elektrizitätswirtschaft verwiesen werden, deren heutige Großraumwirtschaft sich ebenfalls von unten her, durch Zusammenschluß kleinräumiger Bezirke, entwickelt habe. Aber gerade das Beispiel der Elektrizitätswirtschaft gibt doch in mancher Hinsicht zu denken.

Zunächst darf mit Fug bezweifelt werden, ob das elektrische Hochspannungsnetz, wenn es heute nach gesamtdeutschen Gesichtspunkten neu geschaffen würde, nicht ein ganz anderes Gesicht haben würde, als es heute hat, und ob hieraus für die Entwicklung der Großraumwirtschaft in der Gasversorgung nicht gewisse Lehren gezogen werden müssen.

Zum andern bestehen zwischen Gas- und Stromnetzen grundsätzliche Unterschiede insofern, als die Übergangsstellen von der Großraumleitung zur Kleinraumleitung in der Elektrizitätsversorgung einen ganz anderen Charakter haben als in der Gasversorgung.

In der Elektrizitätsversorgung sind die Netze verschiedener Ordnung punktförmig gekuppelt. An den Kupplungspunkten zu überwindende Spannungsunterschiede erfordern Transformatoren u. dgl., deren Kosten nicht unerheblich sind und mit wachsender Spannungsdifferenz sehr große Beträge erreichen. So erfordern die an den Übergangsstellen zwischen Hauptsammelschienen und örtlichen Überlandnetzen nötigen Umspannwerke bereits einen Kostenaufwand, für den ein ganzes Großgaswerk erstellt werden könnte. — Deshalb und wegen der Betriebssicherheit werden die Hauptsammelschienen der Elektrizitätsversorgung nur verhältnismäßig selten angezapft. Z. B. besitzt die in Abb. 1 dargestellte große Sammelschiene des RWE zwischen Ruhrgebiet und Alpen insgesamt nur etwa 5 solcher Anzapfstellen (»Umspannwerke«).

Im Gegensatz hierzu sind die Regleranlagen, mit denen in der Gasversorgung die Druckstufen zwischen Hoch- und Niederdruckleitungen überbrückt werden, und die demnach den Transformatoren- und Umspannanlagen der Elektrizitätsversorgung entsprechen, einfache und billige Einrichtungen, so daß es technisch und wirtschaftlich ohne weiteres möglich ist, selbst Hauptfernstränge, wenn auch nicht für jeden

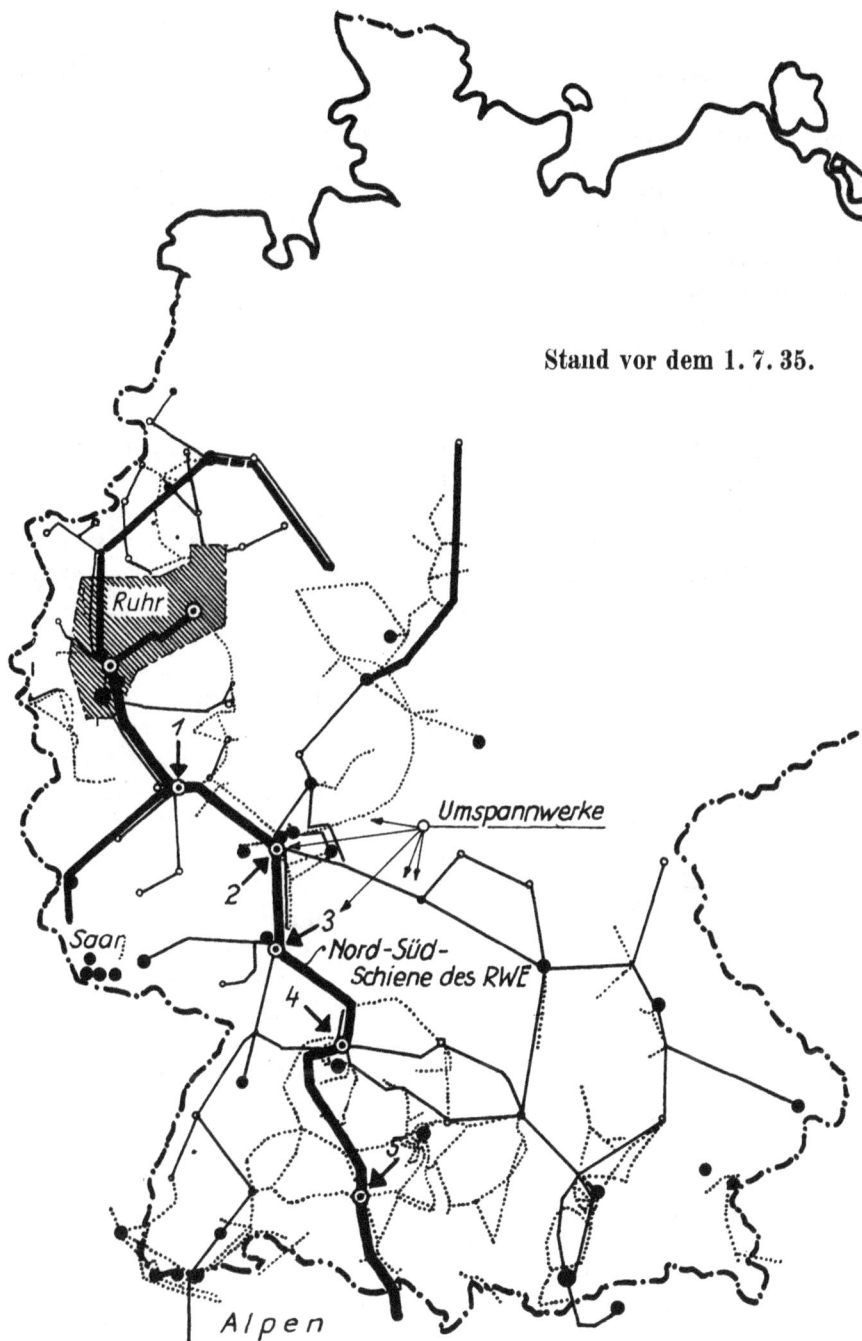

Stand vor dem 1. 7. 35.

Abb. 1. Punktförmige Kupplung elektrischer Verteilungsnetze verschiedener Ordnung.

In der Elektrizitätsversorgung erfordern Nah- und Fernversorgung getrennte Netze. Die ausschließlich dem Ferntransport dienende Hauptschiene kann nicht zur Nahversorgung herangezogen werden. Sie wird nur an wenigen Stellen (Umspannwerken) angezapft.

Kleinabnehmer, so doch für jeden größeren Abnehmer, für jede Land-
gemeinde usw. anzuzapfen. — Infolgedessen kann man die »Sammel-
schienen« der Gasversorgung ohne weiteres auch zur Nahversorgung verwenden, während die Elektrizitätswirtschaft zur Nahversorgung besondere, von der Fernversorgung getrennte Netze benötigt. (Daher auch
das in der Stromübertragung häufige Bild, daß zwei Hochspannungsleitungen verschiedener Ordnung parallel nebeneinander herlaufen, eine
Anordnung, die in der Gasversorgung, von unbedeutenden örtlichen
Doppelberohrungen abgesehen, sinnlos wäre.)

Dieser Unterschied ist nun auch für das Entwicklungstempo von
grundlegender Bedeutung. Denn wo man, wie in der Elektrizitätsversorgung, sowieso mehrere Netze verschiedener Ordnung neben- oder
übereinander brauchte, konnte man sie auch zeitlich nacheinander erstellen, ohne dadurch Doppelinvestierungen zu verursachen. Wo man
aber, wie in der Gasversorgung, durchweg mit einem einzigen Leitungs-
netz für Nah- und Fernversorgung auskommt, wäre es auch verfehlt,
beide Aufgaben zeitlich auseinanderzureißen, weil dadurch zwangsläufig Doppelinvestierungen hervorgerufen würden.

Ein Beispiel statt vieler für die Gefahr solcher Doppelinvestierungen:
In Abb. 2 sind durch die
bezifferten Kreise die Gaswerke und -Versorgungen
eines Bezirkes, durch Pfeillinien die zwischen ihnen
verlaufenden Gasfernsträn-
ge angedeutet. Abnehmen-
der Rohrdurchmesser ist
durch abnehmende Strich-
stärke kenntlich gemacht.
— Betrachtet man nur die
Linienführung, so könnte
man annehmen, es bedürfe
z. B., da die Strecken 4—8
und 2—13 schon berohrt
sind, nur noch kurzer Ver-
bindungsstücke, um die bestehenden Rohrleitungen
zu einem Großfernstrang
1—2 zu ergänzen und da-
mit die beiden Großgas-
werke 1 und 2 zu kuppeln.
In Wirklichkeit sind aber
sämtliche bestehenden Leitungen als Kupplungslei-

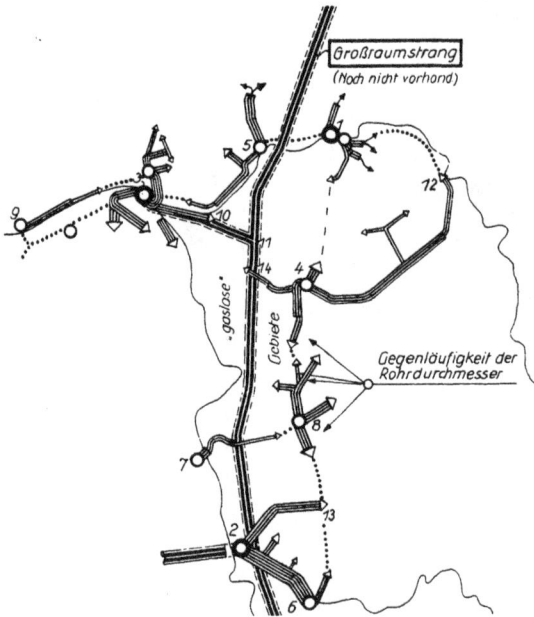

Abb. 2. Ineinandergreifen von Klein- und Groß-
raumleitungen in der Gasversorgung.
In der Gasversorgung können Nah- und Fernversorgung
von dem gleichen Netze aus erfolgen. Der Großraumstrang kann auch zur Nahversorgung herangezogen werden.
Doppelinvestierungen lassen sich nur durch Gesamtplanung
vermieden.

tungen ungeeignet. Denn wegen der in solchen Fällen immer wieder zu beobachtenden Gegenläufigkeit der Rohrdurchmesser müßte der Gasstrom nacheinander enge und weite und wieder enge Rohrquerschnitte durchströmen. Die Druckverluste würden also viel zu hoch. Dazu kommt, daß die aus rein örtlichen Gesichtspunkten gebauten Leitungen für Kupplungszwecke zwischen Großgaswerken viel zu eng wären, ein Teil zudem noch aus Gußrohr besteht. — Aus ähnlichen Gründen besitzen auch die Leitungen 5—3—9 für einen Durchgangstransport 5—9 praktisch keinerlei Wert.

Örtlicher Netzausbau ist also in der Gaswirtschaft als Vorstufe zur Großraumversorgung von sehr fragwürdigem Wert, es sei denn, er würde von vornherein nach einem übergeordneten Plane so ausgeführt, daß er auch den späteren Anforderungen der Großraumwirtschaft genügte, was aber meist an der Kostenfrage scheitern wird.

Umgekehrt ist aber ein Großraumstrang, wie bereits gesagt, ohne weiteres imstande, auch die Nahversorgung auf der von ihm durchzogenen Strecke mitzuübernehmen, hier also den Kleinraumstrang spielend zu ersetzen. Welche Dienste ein Großraumstrang auch nach erfolgter Verlegung von Kleinraumsträngen noch zu leisten vermag, sei am gleichen Beispiele gezeigt: Ein nach Art der doppelt ausgezogenen Linie verlaufender Großraumstrang (ein Teil eines später vorgeschlagenen Planes) würde nicht nur die Möglichkeit bieten, aus den vorhandenen Rohrleitungsansätzen eine leistungsfähige Einheit zu machen, sondern gleichzeitig auch größere bisher »gaslose« Gebiete für die Gasversorgung zu erschließen, und dadurch die Verlegung weiterer Leitungen, etwa von 4 nach Westen, zu ersparen.

Solange das Großraumproblem in der deutschen Gasversorgung ungelöst ist, solange besteht die Gefahr, daß aus örtlichen Gesichtspunkten Leitungen entstehen, die vom gesamtwirtschaftlichen Standpunkte als unzweckmäßig oder überflüssig zu bezeichnen sind.

Der richtige Weg zur Großraumwirtschaft führt nicht vom Klein- zum Großraumnetz, sondern umgekehrt vom Großraumnetz oder wenigstens von der Großraumplanung zum Kleinraumnetz.

Schon aus diesen kurzen Überlegungen folgt, daß heute die Zeit vorbei ist, wo man beim Ausbau der Gasrohrnetze der Entwicklung ruhig die Zügel schießen lassen dürfte. Der planende deutsche Gaswirtschaftsingenieur braucht heute einen verbindlichen Gesamtplan, wenn seine Einzelarbeit sich mit günstigstem wirtschaftlichen und technischen Wirkungsgrad den Bedürfnissen der Gesamtheit einfügen soll. Nicht vom Einzelnen, vom Ganzen her muß die Neugestaltung der deutschen Gasversorgung angepackt werden. Und es ist ein für die Entwicklung der Gaswirtschaft gerade in ihrem heutigen Stadium nicht hoch genug zu veranschlagender Vorteil, daß mit dem Energiewirtschaftsgesetz

auch die gesetzlichen Grundlagen zur Geltendmachung übergeordneter, d. h. großräumiger Gesichtspunkte, geschaffen worden sind.

Eine Großraumplanung wird aber nur dann Anspruch darauf erheben können, der örtlichen Einzelplanung übergeordnet zu werden, wenn durch sorgfältige und gewissenhafte Prüfung und Abwägung aller nur denkbaren Möglichkeiten der Nachweis erbracht ist, daß es sich tatsächlich in jeder Hinsicht um die bestmögliche Lösung der Gasfrage handelt. Zu diesem Zwecke ist aber nicht nur ein erschöpfender Überblick über die verschiedenen Möglichkeiten der Großraumwirtschaft sondern auch eine umfassende Berücksichtigung der wichtigsten Grundlagen und Richtkräfte erforderlich, die das heutige Gesamtbild der deutschen Gasversorgung geformt haben und das zukünftige formen werden.

II. Teil.

B. Heutiger Zustand der deutschen Gasversorgung, seine Entstehung und seine Mängel.

1. Kurslinien-Darstellung.

Am raschesten gelangt man zu einem umfassenden Überblick über den heutigen Zustand der deutschen Gasversorgung und seine besonderen Eigentümlichkeiten, wenn man das Bestehende von der Entwicklung her betrachtet. Zu diesem Zwecke sind in Abb. 3[1]) die wichtigsten Entwicklungslinien der deutschen Gasversorgung in großen Zügen nebeneinander dargestellt. Die Abbildung umfaßt acht solcher Entwicklungs- oder wie sie der Kürze halber genannt seien, Kurslinien. Sechs von ihnen (Kurslinie 1—6) beziehen sich auf die Gasbeschaffung, zwei auf die Gasverwendung. In jeder Kurslinie sind unten die älteren, oben die jüngeren Vorgänge und Daten vermerkt. Der Zeitmaßstab ist für alle Kurslinien der gleiche, so daß gleichzeitige Ereignisse auf einer Waagrechten liegen. Dadurch werden auch zeitliche Zusammenhänge, die sonst schwer erkennbar sind, mit einem einzigen Blick übersehbar. Schaubilder A und B dienen dazu, die wichtigsten Entwicklungsvorgänge der örtlichen Gaserzeugung und die inneren Wandlungen der Gasverwendung auch bildlich zu veranschaulichen.

Neben den Kurslinien der Gasbeschaffung sind der Vollständigkeit halber von vornherein auch solche der Kokereiwirtschaft dargestellt, doch soll zunächst vollkommen offen bleiben, ob der Weg zur Großraumwirtschaft über die Kokereien führt oder nicht. Auch die Erläuterung zu den Kurslinien 4—6 bleibt daher vorläufig beiseite. Lediglich die Kurslinien der örtlichen Gaswirtschaft sollen hier zunächst verfolgt werden.

2. Ungleiche Leistungsgrößen der deutschen Gaswerke und ihre Folgen für die Tarifbildung.

Betrachtet man zunächst Kurslinie 1 und Schaubild A, so zeigt sich, daß bis kurz vor dem Kriege die Zahl der Gaserzeugungsstätten in stetiger Zunahme begriffen war, während die Durchschnittsgröße des einzelnen Werkes ziemlich unverändert bei $1\frac{1}{3}$ Mio m³ je Werk lag, daß aber

---

[1]) Abb. 3 befindet sich hinter S. 26. Es empfiehlt sich, sie während der Lektüre der folgenden Seiten herausgezogen zu lassen.

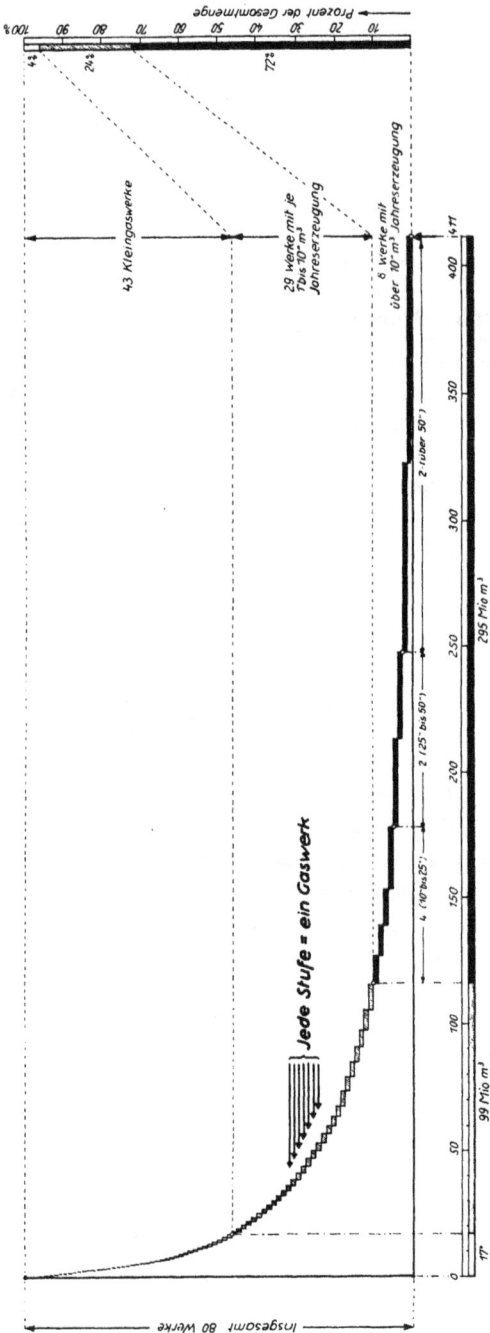

Abb. 4. Größenverhältnisse der bestehenden Gaserzeugungsanlagen in Südwestdeutschland.

seit etwa 1913 ein deutlicher Wandel eintrat: Die Zahl der Erzeugeranlagen ging durch Stillegungen ganz erheblich zurück, und an die Stelle der fortgefallenen Erzeugerwerke traten in wachsendem Maße Verteilerwerke. Die durchschnittliche Erzeugung je Werk stieg gleichzeitig fast auf das Dreifache der seitherigen Höhe (siehe die strichpunktierte Kurve in Schaubild A).

Ein Kurs zur Großraumwirtschaft ist hier also bereits deutlich vorgezeichnet. Ob allerdings dieser Kurs zum Ziele führen wird und führen kann, bedarf noch eingehender Untersuchung. Bisher ist ein wirtschaftlicher Gleichgewichtszustand auf diesem Wege jedenfalls nicht erreicht worden. Im Gegenteil bestehen noch die schroffsten Unausgeglichenheiten in der Größenordnung der deutschen Gaserzeugeranlagen.

Insbesondere spielt das Kleingaswerk der Zahl nach noch eine unverhältnismäßig große Rolle. Einige Beispiele mögen diese für die Großraumfrage wichtige Tatsache beleuchten:

In Abb. 4 sind sämtliche Gaswerke Südwestdeutschlands in der Weise zusammengestellt, daß jede Stufe der treppenförmigen

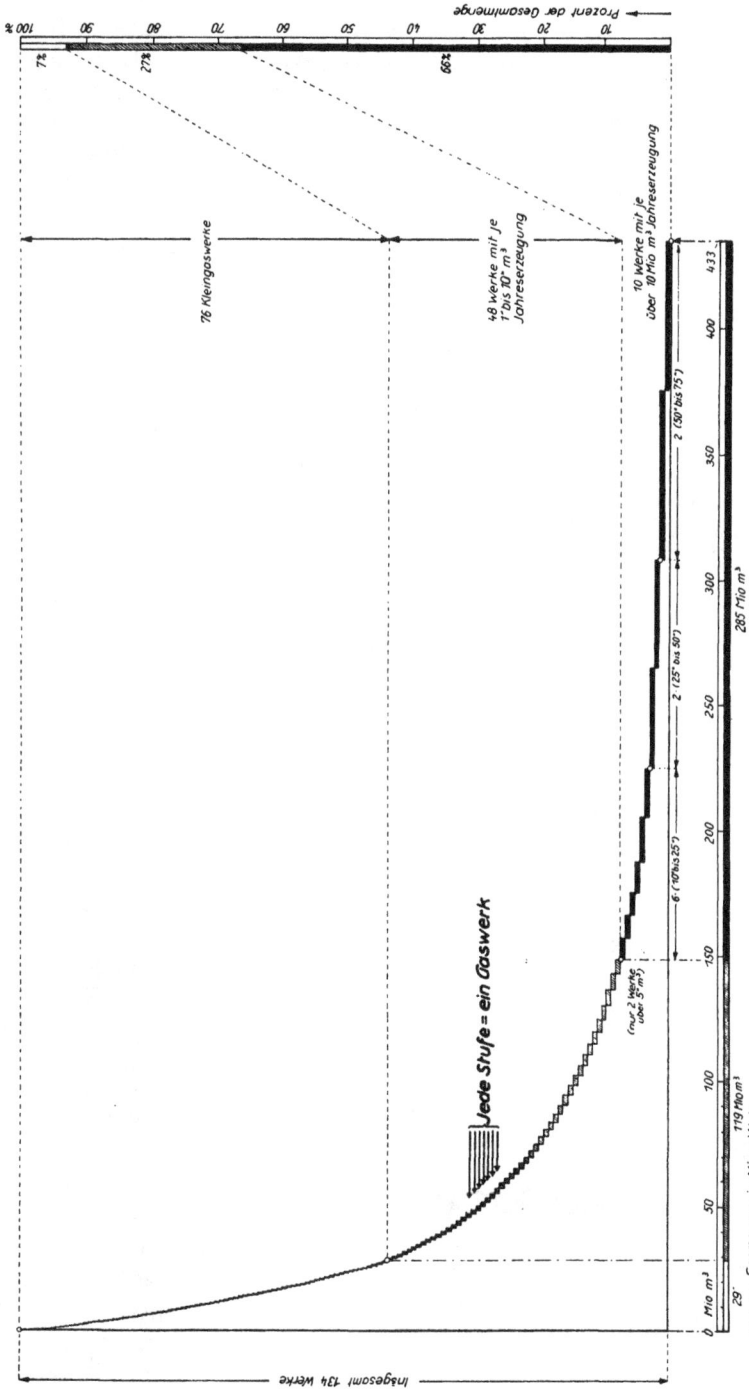

Abb. 5. Größenverhältnisse der bestehenden Gaserzeugungsanlagen in Sachsen-Thüringen.

Kurve ein Gaswerk, die Breite jeder Stufe dessen Größe anzeigt. Je steiler also ein Kurvenabschnitt verläuft, um so geringer ist die Durchschnittsgröße der auf ihn entfallenden Gaswerke. — Wären alle Gaswerke gleich groß, so würde sich bei dieser Darstellungsweise eine gerade Linie ergeben. In Wirklichkeit setzt die Kurve sehr steil an, doch liefert dieser Steilast nur einen geringen Anteil in der Breite. Umgekehrt stellt der flach verlaufende rechte Kurvenabschnitt in der Breite den Hauptteil. Wie die Schraffung erkennen läßt, entfallen von den insgesamt 411 Mio m³ des Untersuchungsgebietes

nur 4% auf 43 Kleingaswerke mit je unter 1 Mio m³ Jahreserzeugung
» 24% » 29 Werke » » 1—10 » » »
» 72% » 8 Werke » » über 10 » » »
100%

Drei Werke stellen zusammen fast die Hälfte der gesamten Erzeugung.

Ganz ähnlich ist das Bild, das sich für Sachsen-Thüringen ergibt, und das, gestützt auf das von Vater, Chemnitz, 1933 veröffentlichte Zahlenmaterial, in Abb. 5 dargestellt ist. Auch hier entfallen von insgesamt 433 Mio m³

nur 7% auf 76 Kleingaswerke mit je unter 1 Mio m³ Jahreserzeugung
» 27% » 48 Werke » » 1—10 » » »
» 66% » 10 Werke » » über 10 » » »
100%

Vier Werke sind es hier, die bereits die Hälfte der Erzeugung der gesamten 134 Werke stellen.

Durch einen den beiden Abbildungen rechts beigefügten Prozentmaßstab werden diese Verhältnisse auch sinnfällig verdeutlicht.

Aber auch für das gesamte Reich gelten, wie eine für das Jahr 1933 vom statistischen Reichsamt durchgeführte und in Abb. 6 dargestellte Erhebung zeigt, ähnliche Verhältnisse. Die punktierte Kurve entspricht wiederum den in Abb. 4 und 5 dargestellten, nur daß wegen der großen Zahl der Werke keine Einzelstufen aufgezeichnet werden konnten. Auch hier stellt der außerordentlich verbreitete Typ des Kleingaswerkes, dessen Größe hier sogar auf nur 0,5 Mio m³ begrenzt ist, mit insgesamt 401 Werken nur 4,1% der gesamten deutschen Gaswerkerzeugung, während 370 Werke mit bis zu 10 Mio m³

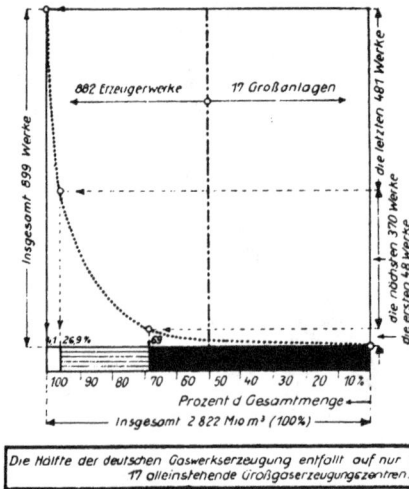

Abb. 6. Größenverhältnisse der deutschen Gaswerke.

Jahreserzeugung je Werk 26,9%, 48 Werke mit je über 10 Mio m³
Jahreserzeugung 69% der Gesamtmenge stellen.

Zieht man, um ein einfaches Gesamtergebnis zu erhalten, genau in
der Mitte der Abb. 6 eine Senkrechte, so liegen rechts von dieser nur die
folgenden 17 deutschen Gaswerke mit je über 30 Mio m³ Jahreserzeugung:

Zahlentafel 1.

Deutsche Großgaswerke.

Nach der (teilweise ergänzten) 54. Gasstatistik haben in runden Zahlen erzeugt:

Berlin	410	Mio m³
Hamburg	202	» »
Frankfurt a. M.	90	» »
Stuttgart	76	» »
Dresden	70	» »
Breslau	65	» »
München	61	» »
Leipzig	56	» »
Königsberg	54	» »
Düsseldorf	52	» »
Nürnberg	45	» »
Magdeburg (Rothensee)	45	» »
Bremen	44	» »
(einschl. Gasbezug v. d. Norddeutschen Hütte)		
Chemnitz	35	» »
Mannheim	35	» »
Mainz-Wiesbaden	35	» »
Kiel	33	» »
zusammen:	1408	Mio m³/Jahr

Durch eine bei etwa 30 Mio m³ Jahreserzeugung je Werk verlaufende
Linie wird also die gesamte, etwa 2,8 Mia m³ betragende deutsche Gaswerkserzeugung in zwei Hälften zerlegt, von denen die eine 17 Werke
mit einer Durchschnittserzeugung von rd. 80 Mio m³ und einer Mindest-
erzeugung von rd. 30 Mio m³, die andere die gesamten übrigen 882 Werke
bis herab zum kleinsten umfaßt.

Da, wie sich noch zeigen wird, die Werksgröße ein wichtiger Faktor
für die Höhe der Gasgestehungskosten ist, kann man schon aus diesen
wenigen Zahlen ermessen, wie verschieden günstig die Gasbezugsmög-
lichkeiten an den verschiedenen Orten Deutschlands beschaffen sein
müssen. Der Gaskunde hängt bei der heutigen Form der Einzelwirtschaft in hohem Maße von örtlichen Verhältnissen ab. Befindet sich an
seinem Wohnsitze nur ein kleines oder wenig leistungsfähiges Werk, so
hat er den Aufpreis hierfür in Form höherer Gaspreise zu zahlen. Eine

Bezugsmöglichkeit von Gewerbe- und Industriegas, für die billige Gaspreise und große Mengen Voraussetzung sind, wird für ihn vielfach überhaupt nicht bestehen.

Die unausgeglichenen Leistungsgrößen der deutschen Gaswerke sind ein schweres Hemmnis für die Bildung gleichmäßig niedriger Gaspreistarife. Ein in standortlicher Hinsicht äußerst bedeutsames Ausgleichsproblem bleibt hier für die Großraumwirtschaft zu lösen.

3. Buntscheckiges Nebeneinander der Ofensysteme, seine Ursachen und Folgen.

Kurslinie 2 führt in die technische Struktur der Gaserzeugungsanlagen ein. Man sieht, wie sich aus dem Retortenofen, der noch bis in den Anfang dieses Jahrhunderts ausschließlich das Feld beherrschte, der Kammerofen entwickelt hat, bis schließlich etwa um 1925 auch der kokereiähnliche Ofen auf einzelnen Gaswerken Eingang fand. Bei den Retorten- wie auch bei den Kammeröfen sind wiederum horizontale, vertikale und schräge Öfen zu unterscheiden.

Ähnlich wie die Werksgröße als Ganzes hat sich auch die Ladefähigkeit der einzelnen Retorten und Kammern mit der Zeit immer mehr erhöht, bis schließlich in einzelnen Werken Kammergrößen vom Umfange von Zechenkokereien erreicht wurden (10 bis 20 t je Ladung). — Wenn daneben gerade bei den kokereiähnlichen Öfen vereinzelt auch wieder solche kleineren Formats ($1\frac{1}{2}$ t) aufgetaucht sind, so dürfte es sich hierbei um abseitige Einzelerscheinungen handeln.

Neben der Ofenerzeugung hat in der Kriegs- und Nachkriegszeit auch die Wassergaserzeugung in besonderen Generatoren und in den Öfen selbst einen erheblichen Anteil an der Gaserzeugung erreicht. Ein aus Wassergas und Ofengas zusammengesetztes Mischgas ist der Typ des heutigen Gaswerksgases.

Dagegen haben neuere Verfahren, wie die Druckvergasung mit Sauerstoff, die Schwelung, die Stadtgasgewinnung aus Braunkohle und die restlose Vergasung, bislang noch keine 5% der Gesamterzeugung erreicht. Auch der Verwendung von Klärgas zur Gasversorgung sind von Natur aus enge Grenzen gezogen.

Obschon die Entwicklung der Gaserzeugungstechnik sich noch im Flusse befindet, wird doch das heutige Gesamtbild der Gaserzeugungsanlagen fast ausschließlich durch die bislang entwickelten Ofentypen bestimmt. Eine Betrachtung der vorhandenen Ofensysteme der Gaswerke bietet daher den besten Einblick in die technische Struktur der Gaserzeugungsanlagen überhaupt.

In Abb. 7 ist ein Lageplan wiedergegeben, in dem die Ofensysteme sämtlicher Gaswerke eines südwestdeutschen Bezirkes nach der letzten verfügbaren Statistik eingezeichnet sind. Auffallend ist das bunte

Erklärung:

- Horizontalretorten
- Horizontalkammern
- Horizontal-Verbundöfen
- Vertikalkammern
- wie vor, mit kontinuierl. Betrieb
- Schrägretorten
- Schrägkammern
- Doppelgas

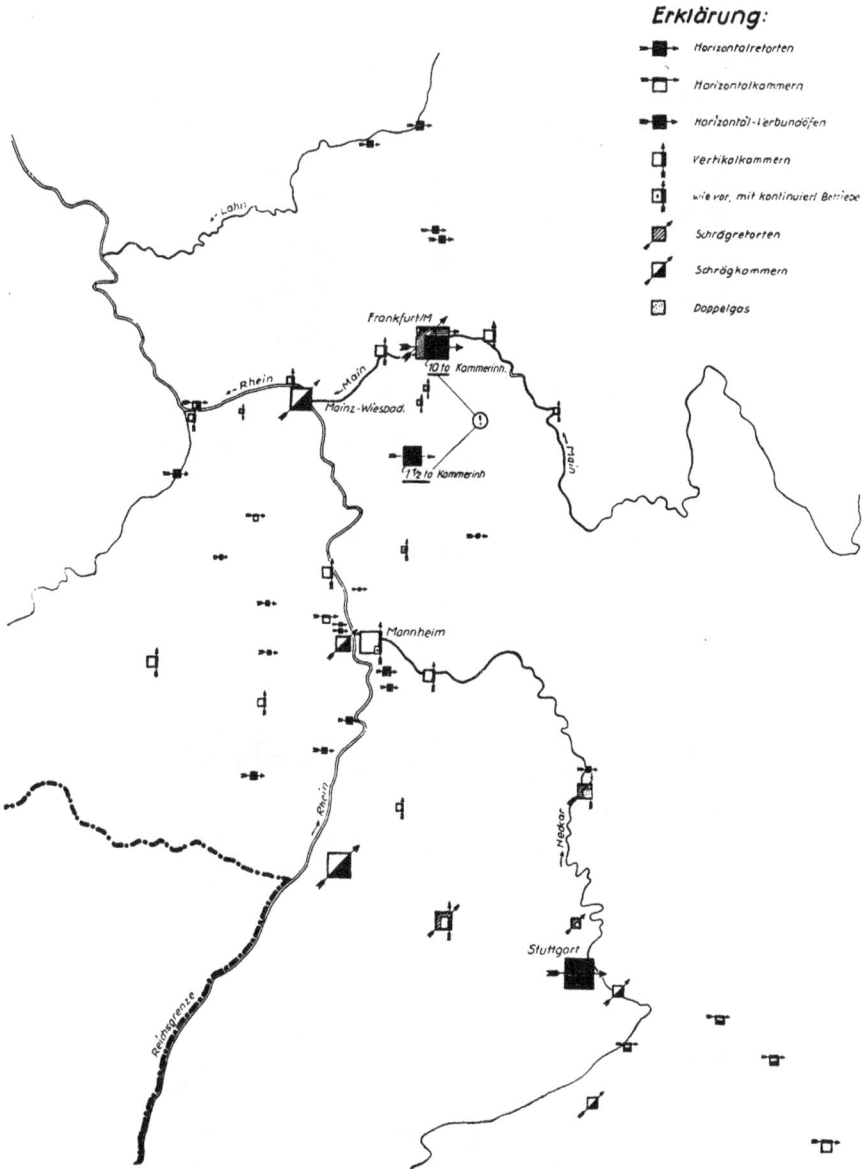

Frankfurt/M.

10 to Kammerinh.

1½ to Kammerinh.

Lahn

Rhein

Main

Mainz-Wiesbad.

Main

Mannheim

Neckar

Rhein

Reichsgrenze
Zollgrenze

Stuttgart

Abb. 7. Buntscheckigkeit der Ofensysteme.
(Südwestdeutschland, Teilgebiet v o r Erbauung der Saargasleitung).

Nebeneinander verschiedenster Ofensysteme. So fehlt im Lageplan
kaum ein Glied der seitherigen Entwicklung des Ofenbaues: Horizontalretorten, Schrägretorten, senkrechte Retorten, Schrägkammern, Vertikalkammern und Horizontalkammern sowie Horizontalverbundöfen nach

2*

— 20 —

1. Ungefährer Anteil der verschiedenen Ofensysteme an der Deckung des Gesamtgasbedarfes.

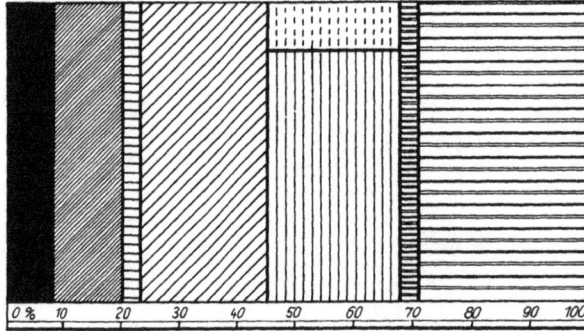

2. Verteilung der Ofensysteme auf die verschiedenen Werks - Größenklassen.

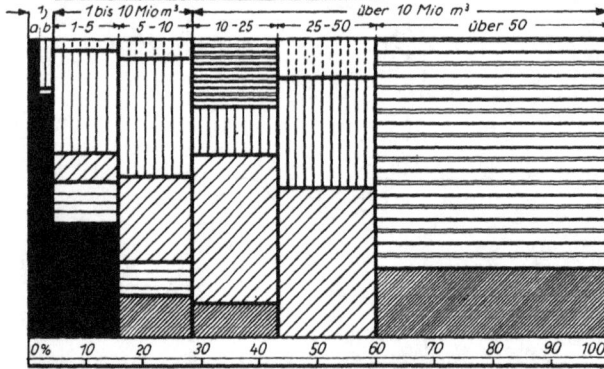

¹) Werke unter 1 Mio m³, u. zw.: a.) unter 0,5 Mio m³, b.) zwischen 0,5 und 1,0 Mio m³.

Erklärung: Ofengaserzeugung findet statt in:

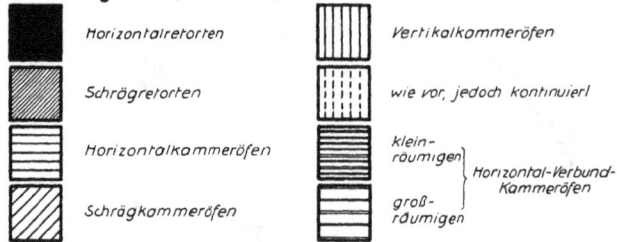

Horizontalretorten — Vertikalkammeröfen

Schrägretorten — wie vor, jedoch kontinuierl

Horizontalkammeröfen — klein-räumigen⎫ Horizontal-Verbund-

Schrägkammeröfen — groß-räumigen⎭ Kammeröfen

Abb. 8. Zusammensetzung der vorhandenen Ofengaserzeugung.
(Südwestdeutschland).

Kokereiart — alles ist nebeneinander vertreten. Der letztere Typ sogar in zwei Formaten, als Normalformat (10 t Kammerinhalt) und als Kleinformat (1,5 t Kammerinhalt).

In Abb. 8 ist der Versuch gemacht, das Gesetz dieser bunten Mannigfaltigkeit festzustellen. Zunächst ist unter Ziffer 1 der ungefähre Anteil

der verschiedenen Ofensysteme an der Gasbedarfsdeckung dargestellt. Irgendwelche Gesetzmäßigkeiten können hieraus nicht abgeleitet werden. Dann wurden unter Ziffer 2 die einzelnen Anlagen nach der Werksgröße geordnet. Es zeigen sich zwar gewisse Gesetzmäßigkeiten, indem beispielsweise die Horizontalretorte mit wachsender Werksgröße allmählich zurücktritt, der Schrägkammerofen und der Horizontalverbundofen zunimmt, doch ist auch hier ein engerer Zusammenhang zwischen Werksgröße und Ofensystem nicht festzustellen. Drei bis fünf Ofensysteme bestehen in jeder Größenklasse nebeneinander.

Diese Buntscheckigkeit ist auch durch örtliche Verschiedenheiten allein nicht zu erklären. Der Schlüssel liegt größtenteils in der verschie-

Zahlentafel 2.

Beispiel für den häufigen Wechsel der Ofensysteme auf dem gleichen Werke.

Jahr	Es wurden			Bemerkungen
	erbaut	umgebaut	abgerissen	
1899	4 Halbgenerator- öfen			
1900	7 Cozeöfen			
1906	2 Wassergasgeneratoren			
1906 bis 1914	6 Vertikalöfen			2 Wassergasgeneratoren außer Betrieb gesetzt
1915	5 Vertikalretortenöfen		Die Halbgenerator- und die Cozeöfen	
1917	6 Vertikalretortenöfen			
1919 bis 1922		Die Vertikalretortenöfen werden in Vertikalkammeröfen umgebaut		
1925	1 Schrägkammerofen mit 25 Kammern			
1926	1 Schrägkammerofen mit 25 Kammern			
nach 1926			Abbruch sämtlicher Vertikalkammeröfen	
1931	neue Wassergasanlage			Die Schrägkammeröfen und die Wassergasanlage bestehen noch

denen Entstehungszeit der Anlagen. Haben sich doch nicht nur die technischen Möglichkeiten, sondern auch die fachlichen Anschauungen mit der Zeit stark gewandelt. Aber auch zur gleichen Zeit waren sie keineswegs überall gleich. Noch 1910 ist die Fachliteratur angefüllt mit der Auseinandersetzung Kammer oder Retorte, die heute längst zugunsten der ersteren entschieden ist, und in der Nachkriegszeit waren es die verschiedenen Kammersysteme, zwischen denen die Fehde ging. Wandlungen der Technik und die persönlichen Auffassungen des Technikers sind es also vor allem, die sich in Abb. 8, 2, widerspiegeln.

Wie sehr die Ofensysteme dem Wandel der fachlichen Auffassungen unterworfen waren, erkennt man besonders deutlich daran, daß oft auf einem und demselben Werke ein mehrmaliger Wechsel des Ofensystems vorgenommen wurde. So zeigt die Zahlentafel 2, daß in einem mittleren Gaswerke innerhalb von drei Jahrzehnten nicht weniger als fünf verschiedene Ofensysteme (Halbgeneratoröfen, Schrägretortenöfen [»Cozeöfen«], Vertikalretortenöfen, Vertikalkammeröfen und Schrägkammeröfen) nacheinander in Tätigkeit waren!

Die Folgen der geschilderten Verhältnisse liegen auf zwei Gebieten:

Zunächst ist, da das jüngere, aus den Erfahrungen der Vorgänger entwickelte Ofensystem dem älteren im Durchschnitt überlegen ist, ein buntes Nebeneinander verschiedener Ofensysteme stets ein Zeichen dafür, daß ein Teil von ihnen hinter dem Optimum zurückgeblieben sein muß. Auch diesen Mangel zu beseitigen, gehört zu den Aufgaben der Großraumwirtschaft.

Zum andern ist der stete Wechsel der Gaserzeugungssysteme die Ursache eines erheblichen Kapitalverzehrs. Dies um so mehr, je größer die Zahl alleinstehender Anlagen ist, von denen jede das natürliche Bestreben hat, ihre Anlagen möglichst auf dem Stande der Zeit zu halten. Es wird sich noch zeigen, daß die Großraumwirtschaft gerade in kapitalwirtschaftlicher Hinsicht ganz bedeutende Vorteile bietet.

4. Zusammenhanglosigkeit der Fernleitungen, ungleiche Versorgungsdichte, sicherheitstechnische Gefahren.

Kurslinie 3 gibt einen Überblick über die Entwicklung des Gasfernversandes von den Gaswerken aus.

Von einem vereinzelten Vorläufer aus dem Jahre 1862 abgesehen, beginnt der Gasfernversand erst um die Jahrhundertwende. Und zwar kamen durchweg Niederdruckleitungen zur Verlegung, obwohl schon auf dem internationalen Gaskongreß zu Paris im Jahre 1900 Mitteilungen über Hochdruckgastransport in Amerika gemacht wurden. Die Gaswirtschaft hat das Prinzip des Hochdrucktransportes wesentlich später aufgegriffen als die Elektrizitätswirtschaft das des Hochspannungstransportes. Während dort schon wenige Jahre nach dem Experiment Oskar

von Millers (1891, Stromferntransport mit höherer Spannung von Lauffen nach Frankfurt a. M.) die Entwicklung des Hochspannungsstromtransportes einsetzte, bediente sich die Gaswirtschaft noch Jahrzehnte lang des Niederdruckversandes.

Freilich waren die Entfernungen auch nur gering. Es handelte sich durchweg um Vorortsgasversorgungen. Unversorgte Gemeinden wurden an benachbarte Werke angeschlossen, und mit der Zeit wurden auch einige hundert Kleingaswerke zugunsten des Gasbezuges von leistungsfähigeren Nachbarwerken stillgelegt. Letzteres ist bisher wenig beachtet worden, obwohl auch hier wieder ein wichtiger Keim zur Großraumwirtschaft liegt. Nicht weniger als rd. 500 Gaswerke sind in den Jahren 1913 bis 1929 in Deutschland eingegangen und an ortsfremde Erzeugungsanlagen angeschlossen worden. 1929 waren schon 1477 Orte durch rd. 5000 km (!) örtliche Fernleitungen mit Gas aus vorwiegend ortsfremden Bezugsquellen versorgt. (Auf die Kokereigasleitungen entfielen rd. 1000 von diesen 5000 km.)

Diese Epoche der Vorortsgasversorgung, innerhalb deren insbesondere in der Umgebung einzelner Städte (Berlin, Magdeburg, Stuttgart, Hamburg, Dresden u. a. m.) größere regionale Versorgungsnetze entstanden sind, kann heute im wesentlichen als abgeschlossen gelten, nachdem sie ihre wirtschaftlichen Grenzen teils erreicht, teils sogar schon bedenklich überschritten hat, wie einzelne Verlustleitungen dieser Art beweisen.

Zur Bildung geschlossener Rohrsysteme ist es in der Epoche der Vorortsversorgung, von ganz wenigen Ausnahmen abgesehen, nirgends gekommen. Meist blieb es bei zusammenhanglosen Einzelleitungen, wofür einleitend bereits ein Beispiel gegeben wurde. Das bestätigt sich auch, wenn man das Gesamtbild der deutschen Gasversorgung einmal als Flächenbild betrachtet (Abb. 9).

Um neben der Linienführung auch die Belastung der einzelnen Strecken sowie die Versorgungsdichte der verschiedenen Gebiete erkennbar zu machen, wurden in dieser Abbildung die Leitungen nicht als einfache Striche, sondern als Flächenstreifen von einer ihrem natürlichen Versorgungsradius etwa entsprechenden Breite aufgezeichnet. Einzelwerke sind in üblicher Weise als Kreise mit verschiedenen Durchmessern, größere Versorgungskomplexe (Ruhrgebiet, Berlin) als geschlossene Flächen dargestellt. Die Versorgungsdichte, d. h. die auf 1 ha entfallende jährliche Gasabgabe, wurde durch verschiedene Tönung kenntlich gemacht; insgesamt entstand so ein Flächenbild, aus dem zwar nicht alle Einzelheiten, wohl aber die wichtigsten Gesamtzüge, klar zu erkennen sind.

Auffallend ist auch in diesem Gesamtbilde die völlige Zusammenhanglosigkeit der Fernleitungen. Selbst in Sachsen-Thüringen und in

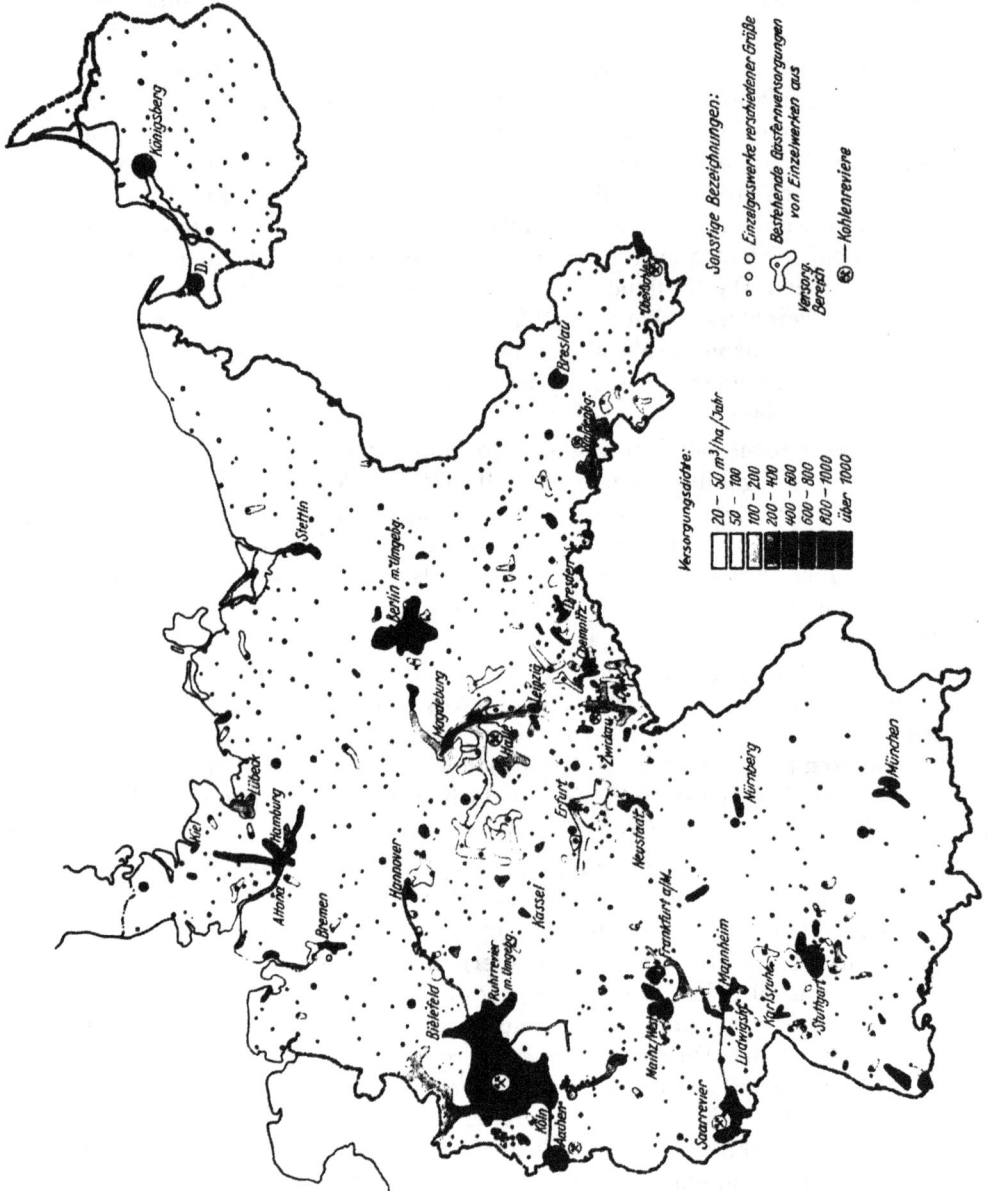

Abb. 9. Flächenbild der deutschen Gasversorgung.

Südwestdeutschland, wo die Versorgungsflächen fast mosaikartig aneinanderstoßen, ist ein Zusammenhang nicht erreicht worden. Eine Tatsache, die man sich wohl erklären kann, wenn man sich die früheren Ausführungen über die Gegenläufigkeit der Rohrdurchmesser örtlicher Gasleitungen ins Gedächtnis zurückruft. Selbst Lücken von wenigen Kilometern Länge blieben praktisch unüberbrückbar. Überall stehen isolierte Einzelflächen nebeneinander.

Aber noch eine andere Tatsache ist aus dem Flächenbilde abzulesen, nämlich die starke Ungleichheit der Versorgungsdichte. Den verhältnismäßig eng mit Gasversorgungen überzogenen Teilgebieten Südwestdeutschlands und Sachsen-Thüringens, den typischen »Gruppengasgebieten« seitheriger Prägung, stehen große Gebiete mit geringer Gasversorgungsdichte gegenüber, so in Teilen der norddeutschen Tiefebene, in Ostdeutschland, in Ostpreußen, in Hessen und in Teilen von Bayern (Osten). Dazwischen liegen zahlreiche Kleingaswerke, mit denen das Flächenbild gleichsam sternartig besät ist.

Das Bild gibt also Aufschluß über zwei weitere Mängel des heutigen Zustandes der deutschen Gasversorgung, die Zerrissenheit und die Ungleichmäßigkeit der Versorgung. Die Zerrissenheit ist neben den Ungleichheiten der Größenstruktur eine Hauptursache der Selbstkostenunterschiede und damit ein Haupthindernis gegen eine größere Gleichmäßigkeit und Senkung der Tarife. Sie bedeutet aber zudem eine schwere sicherheitstechnische Gefahr. Es ist notwendig, daß wenigstens die wichtigsten deutschen Großgaswerke, von denen ein Großteil der Bevölkerung abhängt, baldmöglichst durch Rohrleitungen gekuppelt werden, um sich im Notfalle gegenseitig aushelfen zu können.

Aber auch siedlungspolitisch ist die Zerrissenheit von großem Nachteil, da sie praktisch eine Art Gasprivileg der Städte und Industriezentren hat entstehen lassen, dessen Lockerung oder Beseitigung vom Standpunkte einer gesunden, dezentralisierten Siedlung nur erwünscht sein kann.

Der Zustand, den die seitherige Entwicklung der örtlichen Gaswirtschaft hat entstehen lassen, zeigt also alles in allem wohl mancherlei Keime und Ansätze zu einer Aufwärtsentwicklung, ist jedoch in mehr als einer Hinsicht noch stark verbesserungsbedürftig. Krasse Größenunterschiede der einzelnen Erzeugeranlagen prägen sich in entsprechend ungleichen Selbstkosten und Tarifen aus, ein Heer von Kleingaswerken verteuert die Erzeugung, ein buntscheckiges Nebeneinander verschiedenster Ofensysteme beeinträchtigt den durchschnittlichen Nutzeffekt der Erzeugungsanlagen und erhöht den laufenden Kapitalverzehr. Die vorhandenen Fernleitungen besitzen keinen Zusammenhang, eine bedenkliche Isolierung der Großgaswerke gefährdet die versorgungstechnische Sicherheit breiter Bevölkerungskreise, und der Mangel großzügiger Leitungsnetze steht der siedlungspolitisch erwünschten Ausbreitung der Gasversorgung auf das flache Land vielfach hindernd im Wege.

Dazu kommt, daß die beispiellose Entwicklung des Industriegas-absatzes in den westdeutschen Bergbaugebieten, die dort vor einem Jahr-zehnt eingesetzt, und deren Umfang heute bereits denjenigen der gesamten übrigen deutschen Gaserzeugung erreicht und überschritten hat, auch im übrigen Deutschland die Aufmerksamkeit mehr und mehr auf die industrielle Gasverwendung gelenkt hat. Neben Haushalt, Raum-heizung und Gewerbe ist der industrielle Großverbraucher mehr und mehr in den Vordergrund des Interesses getreten.

Sowohl durch die Raumheizung — selbst wenn diese sich auf die wirtschaftlich erfaßbaren Heizfälle beschränkt — wie vor allem aber auch durch die Industriegasabgabe entstehen aber Mengen- und Ausgleichs-probleme, die im Rahmen einer zersplitterten Einzelwirtschaft einfach nicht mehr lösbar sind. Um nur eines herauszugreifen: Es gibt heute schon industrielle Einzelabnehmer, die erheblich mehr Gas gebrauchen als eine ganze Stadt. Wie soll ein Einzelwerk, selbst wenn es hinsichtlich des Preises leistungsfähig wäre, das konjunkturelle Risiko übernehmen, das mit der Belieferung eines solchen Abnehmers verbunden ist. Wie soll es den Koks unterbringen, der gleichzeitig mit dem Gase anfällt, u. a. m.

Nicht nur produktionsseitig, sondern auch absatzseitig wachsen also neue Probleme heran. Von welcher Seite man auch die heutige Lage der örtlichen Gasversorgung betrachtet, eine großzügige Aufwärtsentwick-lung zum Nutzen der Allgemeinheit ist ohne großräumigere Wirtschafts-formen schlechterdings nicht möglich.

Gaswerke

Schaubild A	1 Zahl und Größe	2 Technische Einrichtung	3 Gasversand-anlagen	4 Zahl u. Größe

Schaubild A

Jahr — Werkszahl 1500 1000 500
Werksgröße 2 1 Mio m³

Verteilerwerke
Gesamtzahl
Erzeugerwerke
Durchschnittliche Werksgröße

1925 — 1900 — 1875 — 1850

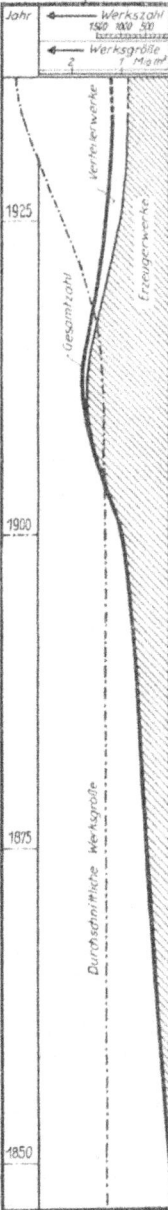

1 Zahl und Größe

Jahr	Gaserzeugerwerke Zahl / durchschn. Erzeugg. je Werk Mio m³	Gasverteilerwerke Zahl
1933	899 ~3,0	302
1913	1 600 - 1 700	
1900	~1 000 ~1 ½	
1882	658	
1875	509	
1860	~210	
1850	~35 ~7 ½	

1825 Erstes Gaswerk auf deutschem Boden (Hannover)

2 Technische Einrichtung

Jahr	Ofenart	Lade(längs)- keit je Ladg.
		15 (1)–20 to/Ladg.
um 1875	Einführung von Koksöfen auf Gaswerken	
1920	Vertikalkammern (wassergas)	Kammern etwa 1 bis 6 to je Ladung
1909	Horizontalkam-mern	
1907	Schrägkammern	
1905	Vertikalretorten	
1884	Schrägretorten	Retorten etwa 100 bis 500 kg Kohle je Ladung
1878	Generatoröfen	
	Rostofen	

3 Gasversandanlagen

Jahr	Bemerkungen
1929	1 477 fernversorgte Orte ~5000 km Gasfernleitun-gen jedoch einschl. ~1000 km Kokereigasltgn.
um 1924	Einführung der ge-schweißten Stahlrohr-leitung Entstehung regiona-ler Versorgungen
um 1900	Beginn der Vorortsgas-versorgung
	(1891 Erste elektri-sche Fernstromü-bertragung von Lauffen (Neckar) nach Frankfurt)
(1862	Erste Ferngasleitung von Hagen i. W. nach Herdecke

4 Zahl u. Größe

Jahr	Zahl betrieb. betrieb. Nats. öffentl(ungsh.)	Bem...
1936	9 262	(Febr
1935	8 414	
1934	7 650	
1933	6 769	
1932	6 759	
1929		Groß... perio...
1926	11 403	Ruhr... Ko...
1913	~11 000	
1900	9 948	davor 6 984 2 964
1890	5 641	
1880	3 700	
1870	1 232	
1850	448	

Abb. 3. Werdeg...

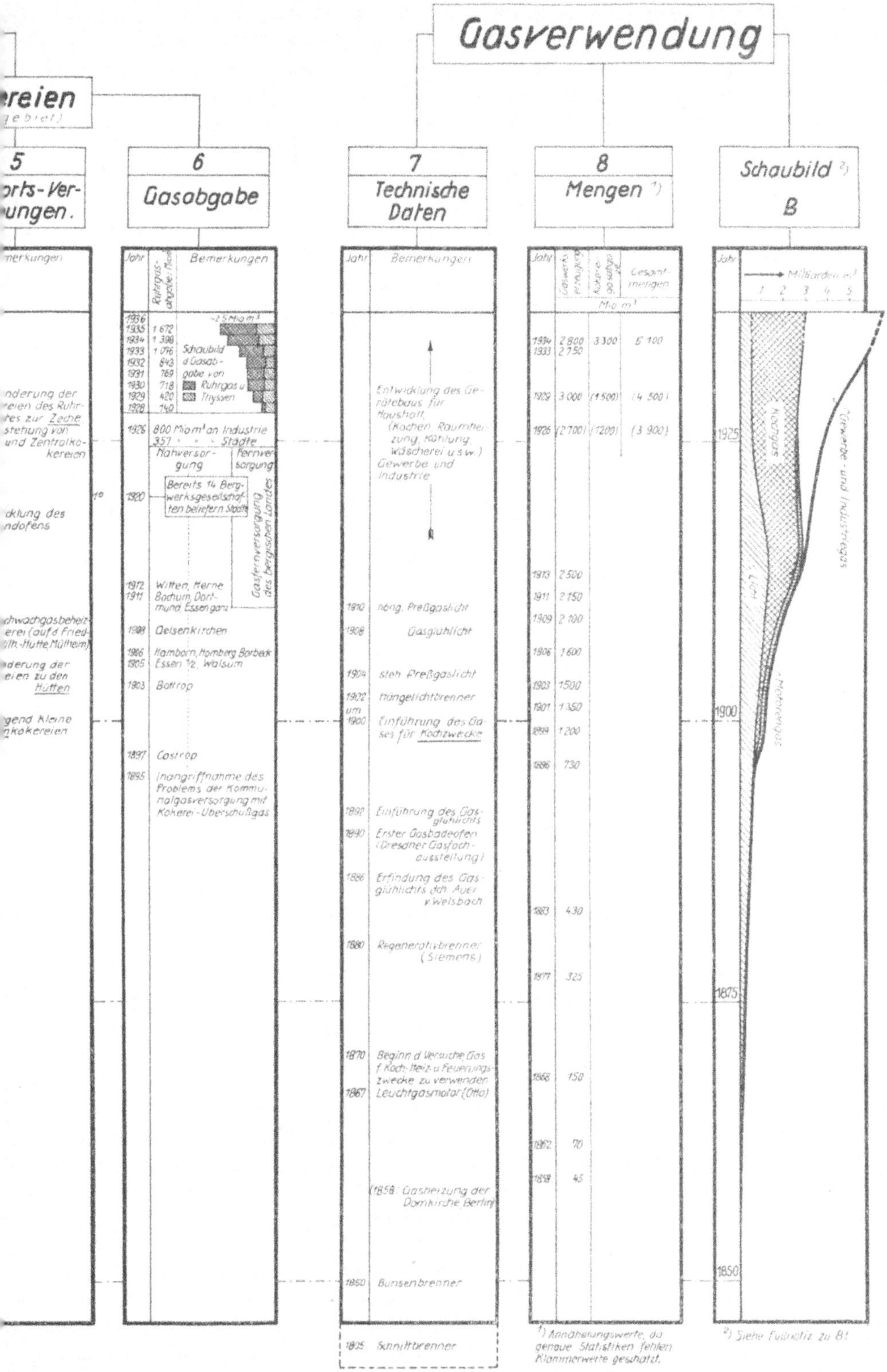

Gasverwendung

| 5 ...orts-Ver- ...ungen. | 6 Gasabgabe | 7 Technische Daten | 8 Mengen [1] | Schaubild [2] B |

Jahr	...merkungen	Jahr	Ruhrgas-abgabe Mio	Bemerkungen	Jahr	Bemerkungen	Jahr	(Saarwerke) Erzeugung	Äußere 90 Abgabe Mio m³	Gesamt-mengen	Jahr	→ Milliarden m³ 1 2 3 4 5

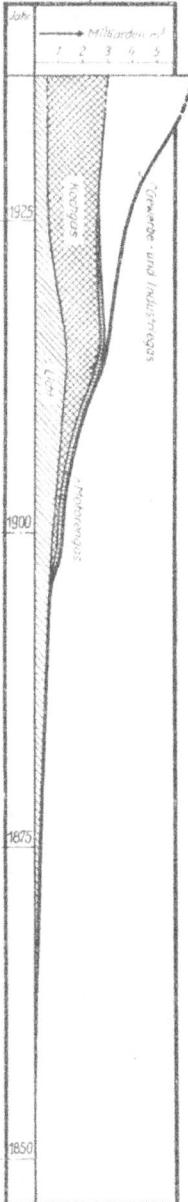

Column 6 — Gasabgabe:

Jahr	Ruhrgas-abgabe Mio	Bemerkungen
1936		~2,5 Mrd m³
1935	1 672	
1934	1 398	
1933	1 076	Schaubild
1932	843	d Gasab-
1931	783	gabe von
1930	718	▦ Ruhrgas u
1929	420	▦ Thyssen
1928	140	
1926	800 Mio m³ an Industrie 357 Städte
	Nährversor-gung / Fernver-sorgung
1920	Bereits 14 Berg-werksgesellschaf-ten beliefern Städte
1912	Witten, Herne
1911	Bochum, Dortmund Essen ganz
1908	Gelsenkirchen
1906	Hamborn, Homberg Borbeck
1905	Essen [2], Walsum
1903	Bottrop
1897	Castrop
1895	Inangriffnahme des Problems der Kommu-nalgasversorgung mit KoKerei-Überschußgas

Column 5 — ...orts-Ver...ungen Bemerkungen (left partial):
- ...nderung der ...reien des Ruhr-...es zur Zeche ...stehung von ...und Zentralko-kereien
- ...icklung des ...ndofens
- ...hwachgasbeheiz-...erei (auf d Fried-...th-Hütte Mülheim)
- ...nderung der ...eien zu den Hütten
- ...gend Kleine ...nkokereien

Column 7 — Technische Daten:

Jahr	Bemerkungen
	Entwicklung des Ge-rätebaus für Haushalt (Kochen, Raumhei-zung, Kühlung, Wäscherei usw.) Gewerbe und Industrie
1910	höng. Preßgaslicht
1908	Gasglühlicht
1904	steh Preßgaslicht
1902 um	Hängelichtbrenner
1900	Einführung des Ga-ses für Kochzwecke
1892	Einführung des Gas-glühlichts
1890	Erster Gasbadeofen (Dresdner Gasfach-ausstellung)
1886	Erfindung des Gas-glühlichts d.h. Auer v. Welsbach
1880	Regenerativbrenner (Siemens)
1870	Beginn d Versuche, Gas f Koch-Heiz-u Feuerungs-Zwecke zu verwenden
1867	Leuchtgasmotor (Otto)
(1858)	Gasheizung der Domkirche Berlin)
1850	Bunsenbrenner
1825	Schnittbrenner

Column 8 — Mengen [1]:

Jahr	Erzeugung	Äußere Abgabe	Gesamt-mengen
1934	2 800	3 300	6 100
1933	2 750		
1929	3 000	(1 500)	(4 500)
1926	(2 700)	(1 200)	(3 900)
1913	2 500		
1911	2 150		
1909	2 100		
1906	1 600		
1903	1 500		
1901	1 350		
1899	1 200		
1896	730		
1883	430		
1877	325		
1868	150		
1862	70		
1858	45		

Column Schaubild B — years: 1925, 1900, 1875, 1850

[1] Annäherungswerte, da genaue Statistiken fehlen. Klammerwerte geschätzt.

[2] Siehe Fußnotiz zu 8!

Gasversorgung.

III. Teil.

C. Grundsätzliches zur Großraumwirtschaft.

Den eigentlichen Untersuchungen über die Wirtschaftlichkeits- und Sicherheitsfragen der Großraumwirtschaft seien einige grundsätzliche Überlegungen über die möglichen Formen der Großraumwirtschaft, über den Einfluß der Großraumversorgung auf den Arbeitsmarkt und über die wirtschaftlichen Grundbedingungen des Großraumproblems vorausgeschickt.

1. Formen der Großraumwirtschaft.

Für die Durchführung der Großraumwirtschaft kommen theoretisch vier Grundformen in Betracht:

1. die reine Parallelerzeugung, d. h. die gegenseitige Kupplung bestehender Erzeugungsanlagen durch Rohrleitungen, jedoch unter völliger Aufrechterhaltung jeder einzelnen Anlage,
2. die Sammelerzeugung, d. h. die Zusammenfassung und Sammlung der Erzeugung in größeren und leistungsfähigeren Werken unter Ausscheidung und Stillegung kleinerer und weniger leistungsfähiger Anlagen,
3. die Ferngasverbundwirtschaft, d. h. die Einbeziehung des sog. Zechen- und Hüttenkokereigases der Bergbaugebiete in die örtliche Gaserzeugung, unter wiederum teilweiser Ausscheidung der kleineren und weniger leistungsfähigen Anlagen,
4. die absolute Ferngasversorgung, d. h. die ausschließliche Versorgung Deutschlands mit Gas aus den Bergbaugebieten (theoretischer Fall!).

Dazwischen sind noch Spielarten denkbar, auf die hier aber nicht eingegangen zu werden braucht. Vermissen wird man vielleicht die Bezeichnungen »Gruppengasversorgung«, »regionale Gasversorgung« und ähnliche. Doch mußten diese Bezeichnungen hier ausgeschieden werden, weil sie durch den Sprachgebrauch mehrdeutig geworden sind. Faßt man doch z. B. unter Gruppengasversorgung sowohl die Versorgung gasloser Gebiete durch ein Zentralwerk wie auch die Vereinigung mehrerer Erzeugungsstätten zu einer Erzeugergruppe zusammen, also Wirtschaftsgebilde, von denen das erstere mit dem Großraumproblem im hier verwendeten Sinne nichts zu tun hat.

Von den vier Grundformen scheiden nun praktisch zwei von vornherein aus: die reine Parallelerzeugung und die absolute Ferngasversorgung, erstere, weil den Kosten der Kupplungsleitungen bei reiner Parallelerzeugung kein genügender wirtschaftlicher Vorteil gegenüberstünde, letztere, weil eine absolute Ferngasversorgung aus Gründen der Betriebssicherheit nicht ratsam erscheint.

Zu untersuchen bleiben also nur zwei Formen der Großraumwirtschaft, die Sammelerzeugung und die Ferngasverbundwirtschaft — erstere ohne, letztere mit Einbeziehung des Zechengases.

2. Einfluß der Großraumwirtschaft auf den Arbeitsmarkt.

Sowohl bei der Sammelerzeugung wie auch bei der Ferngasverbundwirtschaft muß, wie dies auch schon seither der Fall war, ein Teil der vorhandenen Erzeugung stillgelegt werden, um einer besseren und gesamtwirtschaftlich zweckmäßigeren Versorgungsart — dem Bezuge des Gases aus örtlichen Großanlagen oder dem Ferngasbezuge — Platz zu machen. Denn es ist ein Gesetz jedes organischen Wachstums, daß neue Struktur sich nur entfalten kann, wenn sie einen Teil der vorhandenen beseitigt.

Andererseits pflegt jede Werksstillegung der Natur der Sache nach erheblichen Widerständen zu begegnen, die in gewissem Maße sogar notwendig sind, weil sie zu einer sorgfältigen Prüfung der wirtschaftlichen, sicherheitstechnischen und volkswirtschaftlichen Tragweite der Stillegung zwingen und so als eine Art Selbstschutz gegen leichtfertige Stillegungen wirken.

Außer den noch zu behandelnden sicherheitstechnischen stehen vor allem auch die arbeitsmarktpolitischen Rückwirkungen der Werkstillegung im Vordergrunde. Auch darf die Frage der Erhaltung der Vermögenswerte nicht unterschätzt werden. Und man kann wohl ganz allgemein sagen, daß eine Werksstillegung abzulehnen ist, sofern die an Stelle des seitherigen Erzeugerbetriebes tretende Versorgungsart nicht solche Vorteile bietet, daß hieraus auch die arbeitsmarktpolitischen und kapitalwirtschaftlichen Konsequenzen der Stillegung restlos bestritten werden können und trotzdem noch ein Nutzen verbleibt.

Trifft allerdings diese Voraussetzung zu und werden außerdem noch sicherheitstechnische Vorteile erreicht, so gibt es keinen Grundsatz, der etwa die Aufrechterhaltung eines Betriebes um seiner selbst willen zu rechtfertigen vermöchte. Die Energiewirtschaft ist in erster Linie dienendes Glied der Allgemeinheit und erst in zweiter Linie Arbeitgeberin. In ihrer Eigenschaft als Arbeitgeberin berührt sie noch nicht 1% der Bevölkerung, von ihrer Leistungsfähigkeit als Energielieferantin hängen fast 99% der Bevölkerung mittelbar oder unmittelbar ab.

So wenig also das Großraumproblem in der Gasversorgung in erster Linie als Arbeitsmarktproblem zu betrachten ist, so wenig hat es anderer-

seits diese Betrachtungsweise zu scheuen. Zwar fallen bei jeder Form der Großraumwirtschaft auf der Gaserzeugungsseite Arbeitsplätze fort (Abb. 10, links). Ist aber die Form der Großraumwirtschaft volkswirtschaftlich richtig gewählt, so daß sie zu einer Verbesserung und Verbilligung der Versorgung führt, dann muß gleichzeitig ein Zuwachs an Arbeitsmöglichkeiten bei den eigentlichen Versorgungsaufgaben (Gas-

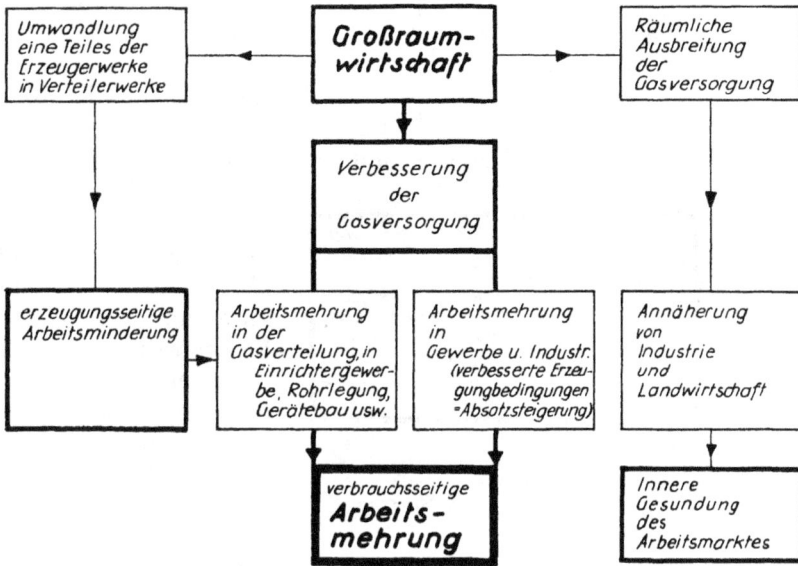

Abb. 10. Einfluß einer großräumigen Gasversorgung auf den Arbeitsmarkt. Arbeitsminderung auf der Erzeugungs-, Arbeitsmehrung auf der Absatzseite. Innere Gesundung des Arbeitsmarktes.

verteilung, Rohrlegung, Einrichtergewerbe, Rohrleitungsbau usw. — Abb. 10, Mitte) entstehen. Zudem führt eine verbesserte Energieversorgung auch dadurch zu einer echten Vermehrung der Arbeitsmöglichkeiten, daß sie die Leistungsfähigkeit von Gewerbe und Industrie erhöht und dadurch Ausfuhr und Binnenmarkt belebt. (Beispiel: Exportsteigerung der Siegerländer Feinblechindustrie seit Einführung einer verbilligten Gasversorgung.) Schließlich wirkt sich eine großräumige Gasversorgung nicht nur auf das Arbeitsvolumen, sondern auch auf die Struktur des Arbeitsmarktes günstig aus, indem sie die geographischen Grenzen der Gasversorgung weitet und Pionierdienste für eine industrielle Siedlung fernab der Kohle oder auf dem flachen Lande leistet (Abb. 10, rechts). Auch hierfür ist die Siegerländer Eisenindustrie ein gutes Beispiel, da sie ohne billige und leistungsfähige Gasversorgung zur Kohle hätte abwandern müssen.

Ob die angedeuteten günstigen arbeitsmarktpolitischen Auswirkungen der Großraumwirtschaft von den ungünstigen überwogen werden oder umgekehrt, hängt von der wirtschaftlichen Durchschlagskraft der Großraumversorgung, dem Prozentsatz der stillzulegenden Anlagen und dem Verhältnis der in der Gaserzeugung zu den in der Gasverteilung usw. beschäftigten Arbeitskräften ab. Da, wie die Abb. 11 erkennen läßt, das verteilungsseitige Arbeitsvolumen etwa viermal so groß ist wie das erzeugungsseitige, so genügt bereits ein geringer prozentualer Zuwachs auf der Verteilungsseite, um einen hochprozentigen Ausfall auf der Erzeugungsseite wettzumachen. Nimmt das Arbeitsvolumen auf der Erzeugungsseite um 50% ab, auf der Verteilungsseite um den gleichen Prozentsatz zu, so entsteht eine starke Vermehrung des Gesamtarbeitsvolumens (Punkt g, Abb. 11).

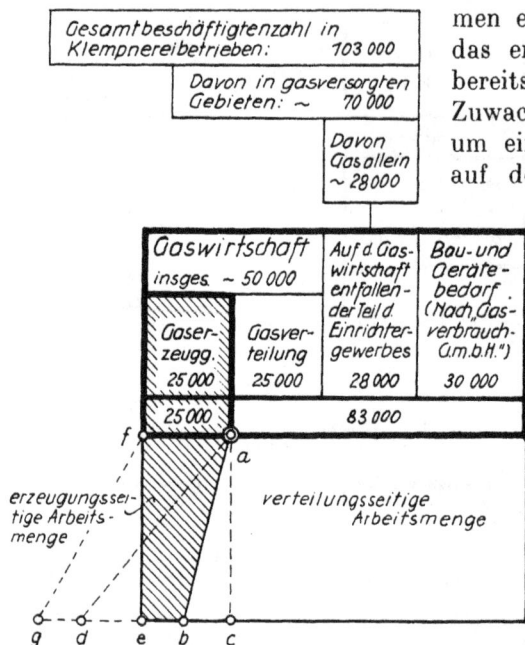

Ein überzeugendes Beispiel für die arbeitsbelebende Wirkung der Großraumversorgung hat nun die Elektrizitätswirtschaft gegeben. Obwohl diese bei ihrem Siegeszuge vor Werkstillegungen keineswegs halt gemacht hat, und obwohl sie einen verhältnismäßig hohen Anteil reiner Verteilungsbetriebe aufzuweisen hat, beschäftigt sie gemäß Zahlentafel 3 insgesamt doch weit mehr Arbeitskräfte als die bislang vorwiegend produktionsorientierte Gaswirtschaft.

Festhalten am Erzeugerbetriebe braucht also keineswegs arbeitsmarktpolitisch vorteilhaft zu sein, kann sogar die gegenteilige Wirkung haben.

Ohne hier auf die finanziellen Auswirkungen der Werksstillegungen im einzelnen einzugehen — dazu wird sich bei den wirtschaftlichen Untersuchungen noch Gelegenheit bieten — darf doch schon hier zusammengefaßt werden, daß weder die Sammelerzeugung noch die Ferngasver-

Gesamtbeschäftigtenzahl in Klempnereibetrieben: 103 000

Davon in gasversorgten Gebieten: ~ 70 000

Davon Gas allein ~ 28 000

Gaswirtschaft insges. ~ 50 000 | Auf d. Gaswirtschaft entfallen- der Teil d Einrichtergewerbes | Bau- und Geräte- bedarf . (Nach,,Gasverbrauch- G.m.b.H.")

Gaser- zeugg. 25 000 | Gasver- teilung 25 000 | 28 000 | 30 000

f | 25 000 | 83 000

a

erzeugungssei- tige Arbeits- menge | verteilungsseitige Arbeitsmenge

g d e b c

Abb. 11. Gaserzeugung und -Verteilung als Arbeitgeber.
Da die verteilungsseitige Arbeitsmenge vielfach größer ist als die erzeugungsseitige, wird ein Arbeitsausfall auf der Erzeugungsseite schon durch einen verhältnismäßig geringen prozentualen Zuwachs auf der Verteilungsseite aufgewogen.

Zahlentafel 3.
Aufteilung der Beschäftigtenzahl auf Erzeuger- und Verteileranlagen in der Gas- und Elektrizitätsversorgung.

Quelle: Statistisches Jahrbuch des Deutschen Reiches, 1935.
Bemerkung: Die das Gesamtbild wenig beeinflussenden gemischten Betriebe sind der Einfachheit halber nicht berücksichtigt.

	Zahl der beschäftigten Personen	
	Gasgewinnung und -Versorgung	Elektrizitätsgewinnung und -Versorgung
Gesamtzahl	29 403	69 062
Davon:		
in Erzeugungs- und Verteilungsanlagen . . .	26 846	36 371
in Verteilungsanlagen	2 557	32 691
In reinen Verteilungsanlagen tätig in % der Gesamtzahl	8,7 %	47 %

bundwirtschaft, richtig angesetzt und wirksam durchgeführt, aus allgemeinen arbeitsmarktpolitischen oder ähnlichen Erwägungen von vornherein abgelehnt werden darf. Die Frage ihrer gemeinwirtschaftlichen Nützlichkeit hängt vielmehr davon ab, ob der Nutzen, den sie in wirtschaftlicher und sicherheitstechnischer Hinsicht für die Gesamtheit abwerfen, groß genug ist, um die Umstellung zu rechtfertigen.

3. Wirtschaftliche Bedingungsgleichung der Großraumwirtschaft.

Die volkswirtschaftliche Fragestellung des Großraumproblems läßt sich in die Form einer ganz einfachen Bedingungsgleichung kleiden. Es muß nämlich, wenn die Großraumwirtschaft Sinn haben soll, ganz allgemein die Bedingung erfüllt sein:

$$(G_1 - G_2) - U > F \qquad \ldots \ldots \ldots \ldots \quad (1)$$

wenn mit

$G_1 = $ die Gasbeschaffungskosten v o r Durchführung der Großraumwirtschaft,

$G_2 = $ die Gasbeschaffungskosten n a c h Durchführung der Großraumwirtschaft,

$U = $ die Umschaltkosten

$F = $ die Fernleitungskosten

bezeichnet werden.

Diese Gleichung besagt nichts weiter, als daß eine Großraumwirtschaft irgendwelcher Art der seitherigen Wirtschaftsform nur dann überlegen ist, wenn die in den Gasbeschaffungskosten erzielte Ersparnis, vermindert um die durch den Übergang entstehenden (arbeitsmarktlichen

und kapitalwirtschaftlichen) Umschaltkosten, größer ist als die Fernleitungskosten des Gasversandes.

4. Der Kostenvergleich.

Es liegt nahe, die auf der linken Seite der Bedingungsgleichung stehende Kostenersparnis ($G_1 - G_2 - U$) in der Weise zu ermitteln, daß man die Vollselbstkosten der Gaserzeugung in Werken und Anlagen verschiedener Art, Größe und Beschaffenheit vor und nach Durchführung der Großraumwirtschaft miteinander vergleicht. Praktisch ist es aber unmöglich, einen derartigen Kostenvergleich für eine zu allgemeingültigen Schlußfolgerungen auch nur annähernd genügende Zahl von Werken durchzuführen. Begegnet doch schon die Feststellung solcher Selbstkosten im Einzelwerke erfahrungsgemäß den größten Schwierigkeiten.

Diese Schwierigkeiten beginnen schon bei der Auswahl eines geeigneten Untersuchungsabschnittes, der nicht zu kurz sein darf, weil sonst zeitliche Unrichtigkeiten, Zufälligkeiten und Fehlerquellen aller Art Eingang finden, nicht zu lang, weil sonst überholte Ergebnisse miterfaßt würden. Sie setzen sich fort bei der Bemessung richtiger, d. h. den tatsächlichen Durchschnittserfordernissen des Erzeugungsbetriebes entsprechender Abschreibungen, bei der mengenmäßig und preismäßig richtigen Erfassung der Lagerbestände (Kohlen- und Kokslager) usw.

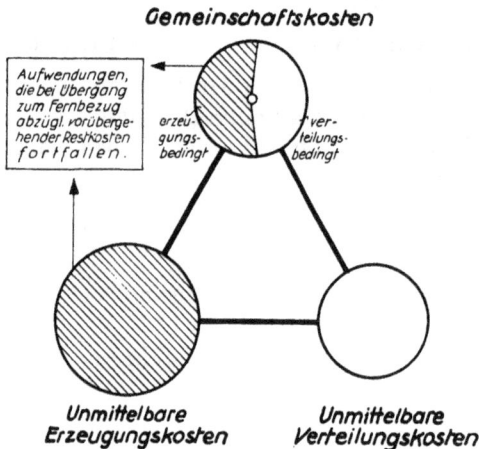

Abb. 12. Das Selbstkostendreieck der Gaswerke.

Dann folgen die Schwierigkeiten einer richtigen Aufteilung der einzelnen Kosten auf die letzten Kostenstellen: Die Gaserzeugungskosten sind, wie Abb. 12 zeigt, mit den Kosten der Gasverteilung durch sog. »Gemeinschaftskosten« verknüpft, d. s. gemeinsame Aufwendungen verwaltungstechnischer, steuerlicher, kapitalwirtschaftlicher und sozialer Art die teils erzeugungs-, teils verteilungsbedingt sind, und die infolgedessen zum Teil fortfallen, wenn ein Erzeugungsbetrieb in einen reinen Verteilungsbetrieb überführt wird. — Obwohl eine anteilmäßige Umlegung dieser Gemeinschaftskosten auf den letzten Kostenträger in der industriellen Betriebswirtschaft eine

Selbstverständlichkeit ist, und obwohl sie auch in den vom Deutschen Verein von Gas- und Wasserfachmännern aufgestellten »Richtlinien für die Aufstellung der kaufmännischen Rechnungslegung in deutschen Gaswerken nach einheitlichen Gesichtspunkten« (Verlag Oldenbourg, München 1928), Anlage II, ausdrücklich vorgesehen ist, begegnet sie bei der Ermittlung von Gaserzeugungskosten praktisch oft lebhaften Einwendungen. Es sei, so wird insbesondere eingewendet, erforderlich, diejenigen Gemeinschaftskosten, die auch nach etwaiger Stillegung des Erzeugungsbetriebes noch weiterliefen, von vornherein bei der Ermittlung der Gaserzeugungskosten zu streichen. In Wirklichkeit muß jedoch die Frage, welche Restkosten nach stillgelegter Erzeugung noch verbleiben, bei der Ermittlung der Selbstkosten der laufenden Erzeugung zunächst vollkommen ausgeschieden werden. Denn fortlaufende Betriebsaufwendungen kann man nicht mit nach Stillegung verbleibenden, allmählich fortfallenden Restkosten zusammenverrechnen. In der vorliegenden Arbeit wurden die Restkosten der stillgelegten Erzeugung als sog. »Umschaltkosten« stets deutlich von den laufenden Unkosten im Betrieb befindlicher Erzeugungsanlagen getrennt.

Vielfach werden nicht die tatsächlichen Gaserzeugungskosten, sondern sog. »Bestkosten« zum Vergleich herangezogen, die zwar seither noch nicht erreicht wurden, in Zukunft aber aus diesem oder jenem Grunde erreichbar sein sollen — worüber denn die Meinungen ebenfalls auseinanderzugehen pflegen.

Man darf auch nicht übersehen, daß die psychologischen Voraussetzungen für eine wahrheitsgetreue und objektive Selbstkostenermittlung am wenigsten gegeben sind, wenn es sich, wie hier, u. U. um die Frage der Aufrechterhaltung eines eigenen Erzeugungsbetriebes oder um seine Eingliederung in eine übergeordnete Großraumwirtschaft handelt.

Insgesamt kann also nicht erwartet werden, auf dem Wege des Vergleiches von Vollselbstkosten zahlreicher Werke einen klaren Einblick in die Wirtschaftlichkeit der Großraumversorgung zu gewinnen.

Um trotz der in der Ermittlung und Beurteilung von Gaserzeugungskosten liegenden Schwierigkeiten zu allgemeingültigen Schlußfolgerungen zu gelangen, hat Verfasser den Weg beschritten, statt der Vollselbstkosten der Gaserzeugung die wichtigsten Kostenelemente, aus denen sie sich zusammensetzen, zum Ausgangspunkte der Untersuchung zu machen.

Statt zu untersuchen, wie sich die Großraumwirtschaft auf die Vollselbstkosten der Gaserzeugung auswirkt, wird ihre Auswirkung auf folgende drei Kostenpole untersucht:

die persönlichen Kosten,   die Stoffkosten und   die Kapitalkosten.

Daraus kann dann auch der Gesamteinfluß der Großraumwirtschaft auf die Gaserzeugungskosten leicht hergeleitet werden.

IV. Teil.

D. Vorteile der Sammelerzeugung.

Die praktische Klärung des Großraumproblems erfolgt am gründlichsten in der Weise, daß zunächst die Sammelerzeugung, dann die Ferngasverbundwirtschaft auf die drei Kostenpole hin untersucht wird. Da die Ferngasverbundwirtschaft letzten Endes auch als eine, nur durch die Einbeziehung des Zechengases erweiterte, Sammelerzeugung betrachtet werden kann, verlohnt es sich, die Wirtschaftsgesetze der Sammelerzeugung schon um deswillen sehr sorgfältig zu untersuchen, weil damit zugleich Vorarbeit auch für die Klärung der zweiten Form der Großraumwirtschaft geleistet wird.

1. Einfluß der Sammelerzeugung auf die persönlichen Kosten der Gaserzeugung.

Nach einer Erhebung des Statistischen Reichsamtes sind im Jahre 1933 auf eine Gesamtgasmenge von 3,8 Mia m³ in Deutschland in 1200 Erzeuger- und Verteilerwerken zusammen 124,3 Mio RM. für Löhne und Gehälter ausgegeben worden.

Auf 1 m³ entfallen also im Durchschnitt rd. 3¼ Pf. für Erzeugung und Verteilung, so daß der auf die Erzeugung in den Gaswerken allein entfallende Teil größenordnungsmäßig zwischen 1½ und 2 Pf./m³ liegen dürfte. Verglichen mit Gasverkaufspreisen von 15 bis 20 Pf./m³ erscheint dieser Betrag zunächst unbedeutend. Bedenkt man aber, daß große Städte und Industrieabnehmer schon heute ihr Gas teilweise für 3 bis 4 Pf./m³ und darunter beziehen, so erkennt man, daß die Gaswirtschaft auch an dieser Selbstkostenposition keineswegs achtlos vorübergehen darf, zumal der Personalaufwand je m³ Gas in den Kleinbetrieben u. U. in mehrfacher Höhe des gesamtdeutschen Durchschnitts liegt.

Der hohe Personalbedarf des primitiveren Betriebes war auch seither schon eine der stärksten Triebkräfte der Entwicklung. Es sei daran erinnert, daß auf die alten Rostöfen aus den Kindertagen des Gasfaches noch 234 Arbeiterschichten auf 100000 m³ Gas je 24 h entfielen, daß diese Zahl für die Horizontalretorten auf 135 herabsank, für Schrägretortenöfen nur noch 114 betrug, um schließlich mit der Einführung der Kammeröfen mit einem großen Sprung auf 18 bis 24 herabzugehen. Da ein Teil der Erzeugung auch heute noch aus Retortenöfen besteht,

kann man sich schon an Hand dieser Zahlen einen ungefähren Begriff machen, wie hoch die persönlichen Kosten in einzelnen Betrieben auch heute noch liegen müssen.

Es ist daher sicherlich nicht zu hoch gegriffen, wenn man die Spanne in den persönlichen Aufwendungen je m³ Gas von Werk zu Werk mit einem bis mehreren Pfennig annimmt. Durch Sammlung der Erzeugung der Kleingaswerke in Großgaswerken müssen also schon in personalwirtschaftlicher Hinsicht ganz erhebliche Einsparungen möglich sein.

Ob es sich hierbei um echte Einsparungen oder um ungesunde »Rationalisierungsmaßnahmen« handelt, erkennt man daran, ob die an Stelle der seitherigen Eigenerzeugung tretende Versorgungsart günstig genug ist, um die Pensionen und Abkehrgelder für überflüssig werdende Beamte und Arbeiter zu tragen.

Das Auftreten von Pensions- und Abkehrgeldern bei stillgelegten Betrieben steht mit der früheren Feststellung, daß die Großraumwirtschaft, richtig angesetzt und wirksam durchgeführt, nach dem Vorbilde der Elektrizitätswirtschaft wahrscheinlich zu einer Erweiterung und nicht zu einer Schmälerung des Arbeitsvolumens führen werde, keineswegs im Widerspruch. Denn erstens tritt die belebende Wirkung einer verbesserten Energieversorgung nicht sofort in vollem Umfange ein, zweitens kommt sie u. U. einem anderen Arbeitnehmerkreise zugute, als dem, der von der Stillegung betroffen wird. Um daher sicher zu gehen, daß keine sozialen Härten entstehen, müssen wenigstens vorübergehend gewisse Beträge angesetzt werden, die, von der Selbstkostenseite aus betrachtet, als Umschaltkosten in die Erscheinung treten.

Diese Umschaltkosten sind natürlich geringer als die seitherigen Lohn- und Gehaltsaufwendungen.

Zunächst kann gemäß Abb. 13 ein Teil der in der Gaserzeugung überflüssig werdenden Ar-
beitskräfte wohl stets in der Gasverteilung oder in anderen städtischen Betrieben, wie Wasserwerk, Fuhrpark, Bauämter, Straßenbahn, Stromversorgung u. dgl. untergebracht werden, deren Arbeitsvolumen insgesamt betrachtet meist groß genug ist, um das Hineinwechseln einer gewissen Zahl von Arbeitskräften zu ermöglichen. Dies besonders dann,

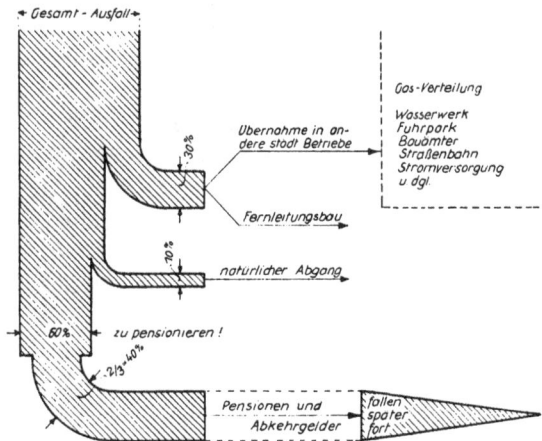

Abb. 13. Personalwirtschaftliche Umschaltkosten.

3*

wenn die Übernahme weitsichtig vorbereitet und somit für den Zeitpunkt des Überganges eine günstige Auffangstellung geschaffen worden ist.

Ein weiterer Teil der Gaserzeugungsarbeiter läßt sich wohl stets, wenigstens vorübergehend, bei den zur Durchführung der Sammelerzeugung erforderlichen Rohrleitungsbauten unterbringen. Bei Großfernsträngen und bei einer sozialen Einteilung des Bauprogrammes fällt diese Möglichkeit u. U. beträchtlich ins Gewicht.

Dennoch wird man die durch beides zusammen unterzubringenden Gaserzeugungsarbeiter vorsichtigerweise nicht höher als 30 bis 50% der insgesamt in der Gaserzeugung seither tätigen Arbeitskräfte einschätzen dürfen, wenn auch praktische Einzelfälle gezeigt haben, daß u. U. auf diese Weise bereits eine restlose Unterbringung möglich war.

Wenig beachtet ist jedoch, daß etwa 10% der Arbeitskräfte sowieso durch natürlichen Abgang jährlich ausscheiden und schon aus diesem Grunde hier außer Ansatz bleiben können.

Insgesamt soll aber, um sicher zu gehen, hier angenommen werden, daß 60% der seither auf die Gaserzeugung in einem stillgelegten Werke entfallenden Arbeitskräfte in keiner Weise anderweitig untergebracht werden können und somit durch Pensionen und Abkehrgelder abgefunden werden müssen, und es soll weiterhin angenommen werden, daß die Höhe dieser Pensionsaufwendungen, ganz gleich ob für Arbeiter oder Angestellte, $2/3$ des seitherigen Einkommens betrage. Dann müssen für je 1000,— RM. seitherigen Lohn- und Gehaltsaufwand in Zukunft $0,6 \cdot 2/3 \cdot 1000,— =$ rd. 400,— RM. angesetzt werden.

Dieser Betrag kommt mit der Zeit in Fortfall, und zwar um so eher, als man für die Pensionierung vorwiegend die älteren Arbeitskräfte berücksichtigen wird und das Durchschnittsalter der Gaswerksarbeiter wahrscheinlich sowieso verhältnismäßig hoch liegt[1]). Da sich zudem auch hier ein gewisser natürlicher Abgang bemerkbar macht, schrumpft der Pensionsbetrag mit der Zeit stark zusammen. Trotzdem soll damit gerechnet werden, daß er auf die Dauer von 10 Jahren in voller Höhe bestehen bleibe.

Dann berechnen sich die je 1000,— RM. fortfallende Lohn- und Gehaltssumme enstehenden Umschaltkosten wie folgt:

Jahresverpflichtung für die Dauer von 10 Jahren jährlich 400,— RM., Gegenwartswert dieser Verpflichtung bei 4% Zinsen: 3244,— RM. Die Umrechnung dieser Verpflichtung auf 30 Jahre Laufzeit (angenommene Dauer des Bezugsvertrages) ergibt eine Annuität von 5,78% von 3244,— RM. = **187,50 RM.**/Jahr.

---

[1]) Beispiele:

Köln	hatte	1932	150 Gaswerksarbeiter,	davon	104 = 69%	
Düsseldorf	»	1932	245	»	, »	101 = 41 »
Krefeld	»	1934	80	»	, »	40 » über
						50 Jahre alt.

Als Faustformel kann also gelten, daß bei reichlicher Berücksichtigung aller sozialen Gesichtspunkte eine finanzielle Restbelastung i. H. v. höchstens $1/5$ der fortfallenden Lohn- und Gehaltssumme bestehen bleibt.

Da diese Belastung bei steigender Menge nicht mitwächst, wird sie, je m^3 gerechnet, mit der Zeit immer geringer und fällt schließlich ganz fort.

Das Ergebnis dieser Überlegungen läßt sich wie folgt zusammenfassen:

1. Zwischen den persönlichen Kosten je m^3 erzeugtes Gas in Werken verschiedener Art und Größe bestehen Unterschiede von einem bis mehreren Pfennig je m^3 ($G_1 - G_2$ in Gl. (1)).

2. Diese Spanne vermindert sich jedoch bei Stillegung des ungünstiger arbeitenden Werkes um die Umschaltkosten, die in diesem Falle die Form von Pensionstilgungsraten haben, und deren Höhe bis zu $1/5$ der fortfallenden seitherigen Personalaufwendungen betragen kann. (Wert U in Gl. (1)).

3. Als echte Ersparnis verbleibt also mit Sicherheit der Unterschied zwischen 80% der seitherigen persönlichen Kosten des Einzelwerkes einerseits und den persönlichen Kosten der Sammelerzeugung andererseits ($G_1 - G_2 - U$ in Gl. (1)).

Da die Praxis Spannen in der Höhe der persönlichen Aufwendungen je m^3 Gaserzeugung in Höhe von 50% bis zu mehreren Hundert Prozent kennt, sind die Fälle, wo der Betrag $G_1 - G_2 - U$ (Gl. (1)) für den Kostenpol »persönliche Kosten« positiv ausfällt, und somit einen Beitrag zur Deckung der Fernleitungskosten abwirft, durchaus gegeben.

Beispiel: Persönliche Erzeugungskosten je m^3 Gas in einem stillzulegenden Einzelwerke 4 Pf./m^3, bei Sammelerzeugung 2 Pf./m^3. Echte Ersparnis: $0,8 \cdot 4 - 2 = 1,2$ Pf./m^3.

Daß der Nachwuchs gaswirtschaftlicher Arbeitskräfte auf neue, verbraucherorientierte Aufgabenkreise umgeleitet werden kann, wurde bereits in den voraufgegangenen grundsätzlichen volkswirtschaftlichen Erwägungen angedeutet.

2. Einfluß der Sammelerzeugung auf die Stoffkosten der Gaserzeugung.

I. Überblick. Die bereits mehrfach erwähnte Reichsstatistik für das Jahr 1933 gibt folgenden Überblick über die Stoffwirtschaft der gesamten deutschen Gaserzeugungsanlagen (also ausschließlich der bergbaulichen Kokereien):

I. Stofflicher Einsatz:

1. Kohlen: 3,85 Mio t (68%) Gas- und Gasflammkohle,
2,25 » t fast ausschließlich Fettkohlen,
6,10 Mio t (= 8,6% des deutschen Steinkohlenabsatzes).

2. Hilfsstoffe:
  a) Zugekaufte Unterfeuerungsbrennstoffe
  165000 t Koks aus Kokereien + geringe Mengen Stein- und
  Braunkohlenbriketts und Rohbraunkohle
  b) Zur Karburierung: 100 t Gasöl
  c) Zur Gasaufbereitung: erhebliche Mengen Gasreinigungsmasse,
  Schwefelsäure, Waschöle, Tetralin und andere Chemikalien.

  Gesamtwert des stofflichen Einsatzes rd. . . . . . **126 Mio RM.**

II. Einnahmen aus Koks und Nebenprodukten:
  a) Koks: 3 Mio t Verkaufskoks . . 76,8 Mio RM.
  b) Teer: 248254 t . . . . 10,9 »   »
  c) Rohbenzol: 27230 t }
  d) Ammoniakerzeugnisse } . . . . 8,5 Mio RM. 96,2 Mio RM.

Darnach hätte das Gas selbst also an Differenzkosten aus
  der Stoffrechnung zu tragen . . . . 29,8 Mio RM.

Auf die t Einsatzkohle umgerechnet, betrug
  die Gaserzeugung . . . . rd. 465 m³/t
  die Kokserzeugung . . . . rd. 720 kg/t
  der Koksselbstverbrauch . . . . » 230 »
  der Verkaufskoks . . . . rd. 490 kg/t.

Kohleneinkauf und Kokserlös usw. Wie schon aus diesem
kurzen Überblick hervorgeht, haben die Stoffkosten der Gaserzeugung
den Charakter von Unterschiedskosten, d. h. sie errechnen sich aus Um-
satzbeträgen, deren Umfang beträchtlich höher ist als die vom Gas zu
tragenden Stoffkosten selbst.

Die Hauptposten dieser Stoffrechnung sind der Kohleneinkauf und
der Kokserlös. Die zwischen beiden liegende Spanne entscheidet über
die Höhe der stofflichen Gaserzeugungskosten.

Was nun zunächst den Kohleneinkauf betrifft, so vermag auch hier
die Sammelerzeugung gewisse Vorteile zu bieten, einmal, weil der Groß-
einkauf im allgemeinen günstigere Bedingungen gewährleistet als der
Kleineinkauf, zum andern, weil das größere Werk durchweg über günstigere Anfuhrbedingungen verfügt.

Weniger eindeutig ist die Rückwirkung der Sammelerzeugung auf
den Kokserlös. Dieser hat die für die Gaserzeugungskalkulation unan-
genehme Eigenschaft, daß er starken und schwer voraussehbaren Schwankungen unterworfen ist. Ein Bild von diesen Schwankungen gibt die
Abb. 14. Darnach hat sich der Gaskokserlös in den Jahren 1926 bis
1930 zwischen beinahe 20,— und 30,— RM./t bewegt. Auf die Ursache
dieser Schwankungen wird später noch eingegangen. Hier genügt es,
zunächst die Tatsache selbst festzustellen, die sich naturgemäß in einem

nicht unerheblichen Risikozuschlag bei der Gaspreiskalkulation auswirken muß, und daher in hohem Maße absatzhemmend wirkt. Im Grenzfalle, d. h. bei gänzlich fehlender Koksabsatzmöglichkeit, würde sich das Gas um etwa 2½ bis 3 Pf./m³, also einen gegenüber den bereits genannten Großbezugspreisen entscheidenden Betrag, verteuern.

Die Gaswerke haben sich auf verschiedene Weise gegen die im Koksmarkte liegenden Unsicherheitsfaktoren zu schützen versucht, und zwar durch:

1. Organisatorische Maßnahmen (Gaskokssyndikat),

2. Maßnahmen zur Verbesserung der Koksqualität,

3. Anwendung kokszehrender Erzeugungsmethoden, wie »restlose Vergasung« mit und ohne Sauerstoff, karburiertes Wassergas, Krackgas, Heranziehung der Braunkohle.

Keine dieser Maßnahmen hat es bisher vermocht, die im Kokshandel liegenden Risiken auszuschalten. Die organisatorischen

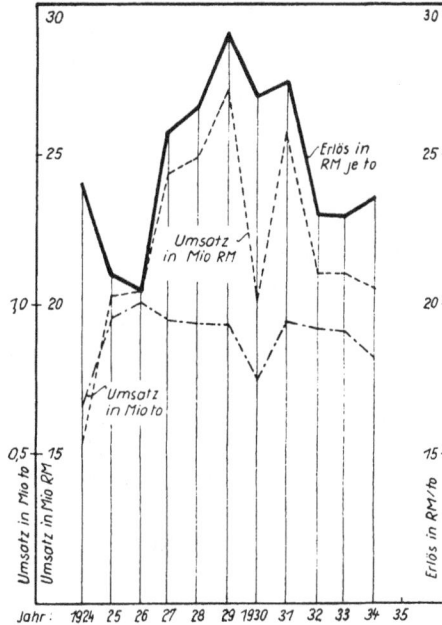

Abb. 14. Schwankungen des Gaskokserlöses.

Maßnahmen konnten zwar die gegenseitige Unterbietung von Gaswerk zu Gaswerk verhindern, waren aber machtlos gegenüber den großen volkswirtschaftlichen Gesetzmäßigkeiten, wie dem Beschäftigungsgrade der Eisenindustrie, der Weltmarktlage des Brennstoff- und Koksmarktes, den klimatischen Einflüssen (milder oder strenger Winter) usw., alles Faktoren, die den Kokspreis entscheidend beeinflussen. Qualitätsverbesserungen konnten zwar eine graduelle Erlössteigerung herbeiführen, aber keinen schwankungslosen Markt sichern, und auch die Anwendung kokszehrender Erzeugungsmethoden hat bislang nicht zum Ziele geführt. (Von der Gesamtgaserzeugung des Jahres 1933 entfielen in den Gaswerken nur rd. 4% auf Generator- und Braunkohlengas sowie Doppelgas.)

Der Wiederaufstieg der Wirtschaft in den letzten Jahren ist zwar auch dem Koksmarkte zugute gekommen, indem sich die Nachfrage nach Koks erheblich gebessert hat. Aber auch hierin zeigt sich, lediglich mit anderem Vorzeichen, die starke Abhängigkeit des Koksmarktes von Einflüssen, die außerhalb der Gaswirtschaft liegen.

Ein weiterer Nachteil des Gaskoksmarktes besteht darin, daß mit zunehmender Gaserzeugung zwangsläufig auch mehr Koks anfällt, unabhängig davon, ob der Markt ihn verlangt und aufnehmen kann oder nicht.

So heißt es z. B. in dem Berichte des Gaskokssyndikates vom Jahre 1936, daß zwar aus der Wirtschaftsbelebung des Kohlenbergbaus und der Eisenindustrie auch der Gaskoks Vorteile gezogen habe, daß aber am Ende der Berichtszeit einzelne größere Gaswerke gewisse Lagerbestände aufzuweisen gehabt hätten, was in fast allen Fällen darauf beruht habe, daß die Absatzsteigerung nicht mit der beträchtlichen Erzeugungssteigerung Schritt gehalten habe. Bis zu einem gewissen Grade sei aus betriebstechnischen Gründen die steigende Erzeugung der deutschen Gaswerke unabhängig von der Absatzentwicklung.

Wir stoßen hier erstmalig auf ein Problem, zu dessen Lösung auch die Sammelerzeugung nicht viel beizutragen vermag. Zwar kann sie möglicherweise die organisatorischen Maßnahmen in ihrer Wirkung unterstützen, die Hebung der Koksqualität erleichtern und der Anwendung kokszehrender Erzeugungsmethoden förderlich sein. Doch läßt sich durch all dies der wechselnde Einfluß des Kokserlöses auf die Gaserzeugungskosten nicht ausschalten. Mit diesem Mangel bleibt also auch die Sammelerzeugung behaftet.

Verbesserung der Stoffwirtschaft durch Verjüngung der Erzeugungsanlagen. Dagegen kann die Sammelerzeugung in verschiedener anderer Hinsicht einen recht günstigen Einfluß auf die Stoffwirtschaft der Gaserzeugung ausüben.

Wenn beispielsweise das buntscheckige Nebeneinander von Gaserzeugungsöfen verschiedensten Entstehungsdatums ein Zeichen dafür war, daß ein Teil der Anlagen veraltet und demgemäß in seinem Nutzeffekt weniger befriedigend sein muß, so bildet eine Ausscheidung solcher Werke gleichzeitig eine Verjüngungsmaßnahme, die sich in einer Verbesserung des durchschnittlichen Wirkungsgrades der Stoffwirtschaft wiederfinden muß.

Günstiger Einfluß der Werksgröße auf die Stoffwirtschaft. Aber weit mehr trägt die Sammelerzeugung dadurch zu einer verbesserten Stoffwirtschaft bei, daß sie die Erzeugung aus dem kleineren in den größeren Betrieb hinüberleitet. Das kommt sowohl der Wärmebilanz als auch der Nebenproduktenausbeute zugute.

Verbesserte Wärmebilanz. Der Wärmebedarf einer Gaserzeugungsanlage setzt sich bekanntlich aus der sog. »Verkokungswärme«, d. h. der zur Einleitung und Durchführung des thermisch-chemischen Zersetzungsvorganges benötigten Nutzwärme selbst sowie aus zwei Verlustposten, den Strahlungs- und den Abgasverlusten, zusammen.

Beide Verlustposten werden durch zunehmende Werksgröße vermindert. Die Strahlungsverluste deswegen, weil mit wachsender Ofengröße die schädliche Strahlungsoberfläche pro t Ofeninhalt nach Abb. 15 sehr erheblich zurückgeht, ein Vorteil, der auch durch die meist längere Ausstehzeit größerer Öfen nicht aufgezehrt wird. Die Abgasverluste deshalb, weil erstens der größere Ofen konstruktiv mehr Möglichkeiten zur Ausnutzung der Unterfeuerungswärme bietet, zweitens ein großes Werk normalerweise günstigere Gelegenheiten zu nutzbringender Abwärmeverwertung hat als ein kleines.

Gelten diese Vorteile schon für gleichmäßigen Betrieb, so kommt hinzu, daß sich der größere Betrieb auch Belastungsschwankungen besser anpassen kann als der Kleinbetrieb, bei dem durch vorübergehende oder auch längerdauernde Unterbelastungen leicht eine erhebliche Erhöhung des spezifischen Unterfeuerungsverbrauchs zu ver-

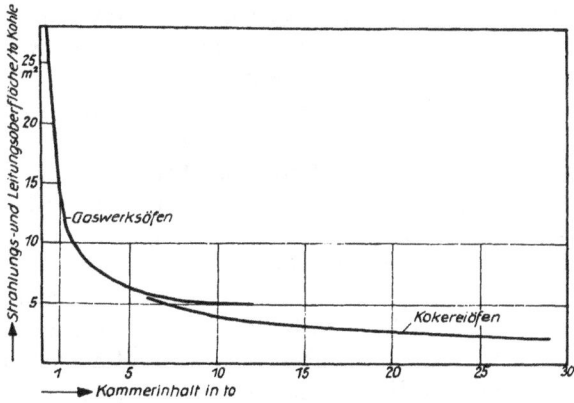

Abb. 15. Rückgang der schädlichen Strahlungs- und Leitungsoberfläche mit zunehmender Kammergröße.

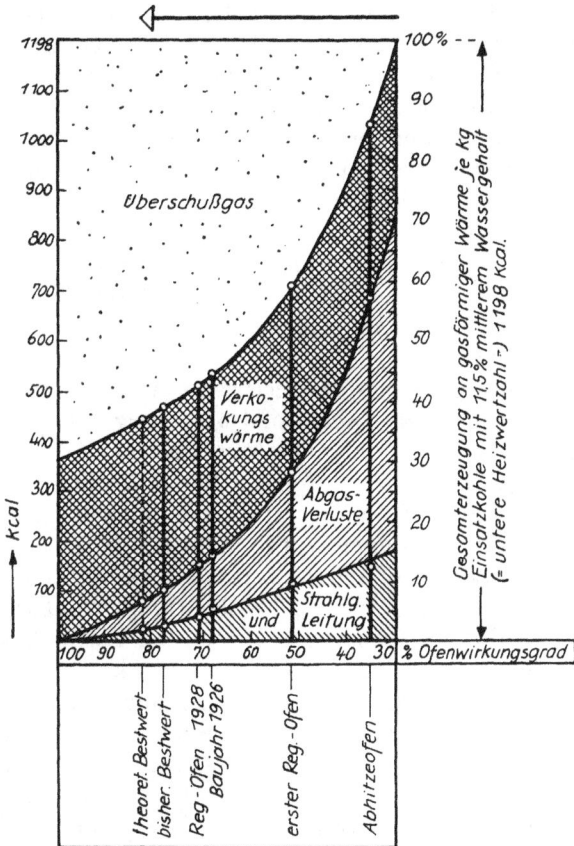

Abb. 16. Feuerungstechnische Entwicklung des Kokereiofens.
Abb. 15 u. 16 nach Baum, GWF 1934, S. 596 u. ff.

zeichnen ist, weil bei geringerer Gesamtzahl der Erzeugungseinheiten einzelne mit schwächerem Feuer betrieben werden müssen.

Aus allen diesen Gründen dürfte es sich auch erklären, daß beispielsweise nach der 51. Gasstatistik der Unterfeuerungsbedarf bei den 20 größten Werken der Statistik im Durchschnitt 157 kg Koks, bei den 20 mittelsten 184 kg Koks und bei den 20 kleinsten 343 kg Koks je t durchgesetzte Kohle beträgt. Trotz erheblicher Streuung der Einzelwerte wird das Ergebnis der vorigen Überlegungen auch durch die Statistik eindeutig bestätigt.

Auch die Abb. 16 läßt erkennen, welchen günstigen Einfluß die Werksgröße auf die Wärmebilanz der Kohlezerlegung ausübt. An sich erstreckt sich diese Abbildung zwar auf Zechenkokereien und hier wieder vor allem auf die technische Entwicklung. Da aber diese mit einer Zunahme der Größe Hand in Hand ging, so kann die starke Abnahme sowohl der Strahlungsverluste wie auch der Abgasverluste mit fortschreitender Entwicklung gleichzeitig auch als Folge gestiegener Größenordnung betrachtet werden. (Es ist wohl kein Zufall, daß gerade das Jahr 1926, in dem der größte Sprung in der Verbesserung der Wärmebilanz der Kokereien zu beobachten ist, mit dem Auftauchen der ersten Ferngaspläne zusammenfällt.)

Sowohl in den Gaswerken wie auch in den Kokereien wird also der wärmetechnische Nutzeffekt durch zunehmende Größe sehr vorteilhaft beeinflußt.

Erhöhung der Nebenproduktenausbeute. Aber auch die Nebenproduktenausbeute nimmt mit der Werksgröße im Durchschnitt zu. Das gilt nicht nur für den Koks, sondern auch für die anderen Nebenprodukte.

So ergibt sich beispielsweise aus einer von Dr. Engelhardt veröffentlichten, in Zahlentafel 4 wiedergegebenen Zusammenstellung aus dem Jahre 1929, daß damals in Kleingaswerken kaum überhaupt Benzol erzeugt worden ist, daß in mittleren Werken durchschnittlich nicht über 1 bis 2 kg je t durchgesetzte Kohle und selbst in großen nicht über 4,5 kg je t Kohle gewonnen wurde, während die Zechenkokereien schon damals 7 bis 8 kg Benzol aus der t Kohle herausholten. 1933 hatte sich das Bild zwar insofern geändert, als die Durchschnittsausbeute der 11 größten Gaswerke inzwischen das Niveau der Zechenkokereien erreicht und der Gesamtdurchschnitt sich von 3 auf 4 kg/t erhöht hatte. Aber zwischen Klein- und Großwerken besteht auch heute noch ein beträchtlicher Unterschied, den man zwar durch entsprechende Einflußnahme mildern kann, dessen wirtschaftliche Ursachen aber mit der Größenordnung unabänderlich verquickt sind. Die Beibehaltung oder gar Förderung einer stark zersplitterten Benzolerzeugung aber aus sicherheitstechnischen Gründen befürworten zu wollen, wäre abwegig, weil erstens die Kleingaswerke selbst bei intensiverer Benzolwirtschaft keinen für die

Zahlentafel 4.

Einfluß der Größenordnung auf die Benzolgewinnung deutscher Gaswerke im Jahre 1929.

(Nach Engelhardt, Frankfurt a. M., »Öl und Kohle«, 1933, S. 100.)

Gruppe	Stadtgas-menge in Mio m³ jährlich	Anzahl der Gaswerke	jährlich entgaste Steinkohlenmenge		Benzolerzeugung (= 80% der Vor-produktenerzeugung)		Benzol-ausbringen kg je t entgaste Kohle
			in t	in % der Gesamt-menge	t	% der Gesamt-menge	
1	unter 0,25	100	55 929	1,0	—	—	—
2	0,25— 0,50	114	133 029	2,0	7	0,1	0,1
3	0,50— 1,00	104	208 084	3,1	75	0,4	0,4
4	1,0 — 2,5	109	443 368	6,7	309	1,6	0,7
5	2,5 — 5,0	66	520 133	7,8	564	3,0	1,1
6	5,0 — 10	32	466 509	7,0	585	3,1	1,2
7	10 — 25	24	771 869	11,6	1 050	5,6	1,4
8	25 — 50	10	753 204	11,3	1 710	9,1	2,3
9	50 —100	10	1 404 346	21,1	6 125	32,6	4,4
10	100 —250	2	777 551	11,7	3 200	17,1	4,1
11	über 250	1	1 109 587	16,7	5 130	27,4	4,6
1—11	Summe:	572	6 643 609	100,0	18 755	100	2,8
4—11	Summe:	254	6 246 567	93,9	18 673	99,5	3,0

deutsche Treibstoffbedarfsdeckung ins Gewicht fallenden Anteil stellen, und weil zweitens die Großraumwirtschaft ganz andere Wege zur Lösung des deutschen Treibstoffproblems erschließt, als es eine atomisierte Gaswerksbenzolerzeugung je vermag. — Schon hier sei angefügt, daß die Gaswerksbenzolerzeugung nur $^1/_{10}$ derjenigen der Zechenkokereien, und auch diese nur einen Bruchteil des deutschen Gesamtbedarfes beträgt.

Auch die Verarbeitung des Ammoniakwassers zu veredelten Ammoniakprodukten ist vor allem auf den größeren Werken beheimatet, während sie auf den kleineren meist völlig unterbleibt.

Für die Schwefelreinigung ist ein eindeutiger Zusammenhang zwischen Werksgröße und wirtschaftlichen Nutzeffekt nicht nachweisbar. Immerhin ist es nicht uninteressant, daß die nachstehenden, von Bunte (GWF 1935, S. 954) wiedergegebenen Zahlenbeispiele für kleinere Werke einen beträchtlich niedrigeren Schwefelgehalt der verkauften Masse zeigen als für die größeren.

Werk	Gaserzeugung in Mio m³/J	Schwefelgehalt der verkauften Masse
1	43,7	54%
2	34,6	42%
3	24,0	44%
4	8,7	39%
5	0,4	36%

Erwähnt sei ferner, daß sich die devisenpolitisch bedeutsame Gewinnung von Reinschwefel aus der Reinigermasse bisher überhaupt nur im Großmaßstabe der Zechenkokereien eingeführt hat. Rd. ⅓ der deutschen Schwefeleinfuhr wird schon heute durch Schwefelerzeugung der Ruhrkokereien ersetzt.

Nur die Teerausbeute je t Kohle zeigt, rein mengenmäßig betrachtet, keine nennenswerte Abhängigkeit von der Werksgröße, wenn man von einem Rückgang der Ausbeute bei ganz kleinen Werken absieht. Doch liegt der Erlös je t Teer bei den größeren Werken wohl ebenfalls höher als bei kleineren, weil hier die Beschaffenheit wie auch die Verwertungsmöglichkeit im allgemeinen günstiger sind.

Günstiger Gesamteinfluß. Wenngleich nicht in allen Punkten ein zwingender theoretischer Zusammenhang zwischen Werksgröße und stofflichem Ausnutzungsgrad nachweisbar ist, so trifft dies doch für zahlreiche Faktoren zu. Allgemeine Überlegungen und statistische Unterlagen bestätigen also in gleicher Weise, daß auch der stoffwirtschaftliche Nutzeffekt der Gasherstellung durch die Sammelerzeugung im Durchschnitt wesentlich gehoben wird, eine Folge der durch sie herbeigeführten Verjüngung und Vergrößerung der Anlagen.

Der Unsicherheitsfaktor des örtlich und zeitlich schwankenden Koksmarktes läßt sich zwar auch durch die Sammelerzeugung nicht ausschalten. Da er aber mehr oder minder alle Werke betrifft, so wird hierdurch die Allgemeingültigkeit des vorangestellten Ergebnisses nicht beeinträchtigt.

Da Umschaltkosten nennenswerten Umfanges durch stoffwirtschaftliche Verlagerungen nicht entstehen — die hin und wieder ins Feld geführten Rückwirkungen einer Werksstillegung auf das örtliche Transportgewerbe u. dgl. sind meist ziemlich weit hergeholt — kann der Wert U (Gl. (1)) hier im allgemeinen = 0 gesetzt werden. Die durch die Sammelerzeugung erzielbare stoffwirtschaftliche Ersparnis $G_1 - G_2$ steht also durchweg uneingeschränkt zur Deckung von Fernleitungskosten zur Verfügung.

3. Einfluß der Sammelerzeugung auf die Kapitalkosten der Gaserzeugung.

a) Überblick.

Die Gesamthöhe des in den deutschen Gaswerken investierten Kapitals ist für 1913 zu 1,5 Mia Mark, für 1925 zu 1,8 Mia RM. geschätzt worden. Roh gerechnet, dürfte etwa die Hälfte dieses Betrages, 0,9 Mia RM., auf die Erzeugungsanlagen selbst entfallen.

Der heutige Vermögenswert, geschätzt nach dem Reichsbewertungs-
gesetz, liegt lt. GWF 1935, S. 156, etwa halb so hoch, nämlich bei
886 Mio RM., so daß bei wiederum hälftiger Aufteilung nur rd. 450 Mio
RM. auf die Erzeugungsanlagen entfallen.

Dabei ist anzunehmen, daß die 601 »Unternehmungen«, aus
denen sich dieser Betrag zusammensetzt, im wesentlichen mit den
899 »Werken« identisch sind, die der mehrfach angezogenen Reichsstatistik des Gasfaches von 1933 zugrundeliegen.

Nach der niedrigeren Zahl würde also der heutige Vermögenswert
der Gaserzeugungsanlagen im Gesamtdurchschnitt mit etwa 150,— bis
200,— RM. je 1000 m³ Jahresgaserzeugung anzusetzen sein.

Die Gaswerke sind kapitalintensive Betriebe. Auf 100,— RM.
Rohvermögen kommen nur 76,70 RM. Umsatz (GWF 1935, S. 157). Das
Kapital wird also nur alle 1⅓ Jahr einmal umgeschlagen.

Sie haben ferner einen hohen laufenden Kapitalverzehr aufzuweisen.

So gibt z. B. eine bekannte deutsche Ofenbaufirma in einer
Veröffentlichung wissenschaftlichen Charakters eine Zusammenstellung, wonach sie in der Zeit von 1898 bis 1933, also in 35 Jahren,
in Deutschland Gaserzeugungsöfen mit einer Gesamttagesleistung
von rd. 25 Mio m³ gebaut hat. Da die deutsche Gaserzeugung im
gleichen Zeitraume von rd. 1 auf rd. 3 Mia m³ jährlich gestiegen ist,
im Mittel also bei etwa 2 Mia m³/Jahr oder, Reserve eingerechnet,
rd. 8,5 Mio m³/Tag gelegen hat, so folgt aus dieser Zahl, daß allein
eine einzige Ofenbaufirma in diesem Zeitraum rd. das Dreifache
der deutschen Ofenkapazität erstellt hat. Es müssen also, da ja
auch noch andere Firmen Gaswerksöfen in Deutschland gebaut
haben, zum mindesten etwa alle 10 Jahre sämtliche deutschen Gaserzeugungsöfen erneuert worden sein.

Sowohl wegen des kapitalintensiven Charakters der Gaserzeugungsanlagen als auch wegen des hohen laufenden Kapitalverzehrs bedarf es
besonders sorgfältiger Untersuchungen, ob und welche Ersparnisse auf
kapitalwirtschaftlichem Gebiete durch die Sammelerzeugung erzielt
werden können.

Zu diesem Zwecke müssen sowohl die Größenunterschiede wie auch
die Zeitgesetze erfaßt werden.

b) Verminderung des spezifischen Anlagekapitals.

Der Maßstab für den Zusammenhang zwischen Werksgröße und
Kapitalwirtschaft ist vor allem das sog. »spezifische Anlagekapital«,
d. h. dasjenige Anlagekapital, das auf 1 m³ Tageshöchstleistung entfällt.

In Zahlentafel 5 sind drei Wertereihen hierfür zusammengestellt:

Zahlentafel 5. **Spezifisches Anlagekapital von Gaswerken ohne Rohrnetze.**

Tageshöchst-leistung in m³	Spezifisches Anlagekapital in RM. je m³ Tageshöchst-leistung			Tageshöchst-leistung in m³	Spezifisches Anlagekapital in RM. je m³ Tageshöchst-leistung		
	I[1])	II[1])	III[1])		I[1])	II[1])	III[1])
500	200	160	—	10 000	68	70	68
1 000	130	100	—	15 000	66	65	65
2 000	85	90	—	30 000	—	—	60
3 000	70	—	—	50 000	60	60	57
4 000	62	—	—	100 000	55	60	55
5 000	70	70	75	150 000	50	55	53

[1]) I = nach Wenger, GWF 1916.
  II = Vorkriegsdaten aus dem Bamag-Katalog 1922.
  III = nach Enquête-Bericht 1929 über die deutsche Kohlenwirt-
      schaft, jedoch wegen des damals überhöhten Bauindexes
      multipliziert mit 0,7.

Übereinstimmend lassen alle drei auch unter sich ziemlich ähnlichen Wertereihen den starken Einfluß der Werksgröße auf das spezifische Anlagekapital von Gaserzeugungsanlagen erkennen.

Für Kokereien seien gleich hier noch folgende Wertereihen an-gefügt:

Zahlentafel 6. **Beispiele für Anlagekosten von Kokereien.**

Quellenangabe	Kokserzeugungsmenge		Anlage-kapital in 1000,— RM.	Anlage-kapital je t Jahreskoks-erzeugung in RM.	Bemerkungen
	t/Tag	1000 t pro Jahr			
I. Schmalenbach-Gutachten		1 250	21 105	16,9	Ohne Reiniger-anlagen, Gas-behälter, Dampf-kesselanlage usw.
		1 000	17 360	17,4	
		500	9 235	18,5	
		200	4 560	22,8	
II. Dr. Gollmer, »Glückauf« 1933, S. 922. Ruhrgebiet	Östlicher Bezirk				
	3 500	1 138[2])	20 600	18,0	
	2 800	910	17 100	18,8	
	2 100	683	13 200	19,3	[2]) errechnet durch Multiplikation der Tagesmenge mit 325
	1 370	445	9 300	20,9	
	West und Mitte				
	2 850	926	17 300	18,6	
	2 280	741	14 100	18,9	
	1 700	553	10 900	19,7	
	1 110	361	7 800	21,5	
III. Dr. Mezger, GWF 1929 S. 1223		1 250		20,0	Ausbaustufen des gleichen Werkes
		416		22,4	
		333		23,6	
		222		25,6	
		111		28,0	
IV. Einzelwerte aus Gutachten usw.		378	13 500	36,0	[2]) Siehe die Bemerkung unter II.
		380[2])	14 600	38,5	
		260	9 150	35,0	

Die Werte sind auf die t Koks bezogen, da die Anlagekosten von Kokereien in erster Linie von der Kokserzeugung abhängen. Der Zusammenhang zwischen Werksgröße und spezifischem Anlagekapital ist aber auch hier unverkennbar.

Die auf Gas bezogenen Werte der Zahlentafel 5 und die auf Koks bezogenen Werte der Zahlentafel 6 können wegen der Verschiedenheit der Grundlagen nur bedingt verglichen werden. Will man dies tun, so wird man weder vom reinen Starkgasbetrieb noch vom reinen Schwachgasbetrieb sondern von einer gemischten Betriebsweise auszugehen haben, bei der etwa auf 0,78 t Koks 265 m³ Gas entfallen. Es entspricht dann bei 325 Arbeitstagen der t Jahreskokserzeugung eine Tagesgaserzeugung von 265 : (0,78 · 325) = 1,23 m³ Gas. Berücksichtigt man noch die größeren Jahresschwankungen des Gaswerksbetriebes, so kann man, roh gerechnet, die t Jahreskokserzeugung und den m³ Tagesgaserzeugung als etwa gleichartige Bezugsgrößen betrachten.

Zu berücksichtigen ist jedoch, daß nur solche Kokereien vergleichsfähig sind, die auch alle gaswirtschaftlichen Anlagen enthalten. Dies trifft in erster Linie für die unter IV der Zahlentafel 6 wiedergegebenen Einzelwerte zu. Darnach würde also das spezifische Anlagekapital bei größeren Kokereien bei etwa 35,— bis 40,— RM. je Tages-m³ liegen.

Trägt man das spezifische Anlagekapital über der Tages- und Jahresleistung auf (Abb. 17), so erhält man eine anfangs sehr steil, später

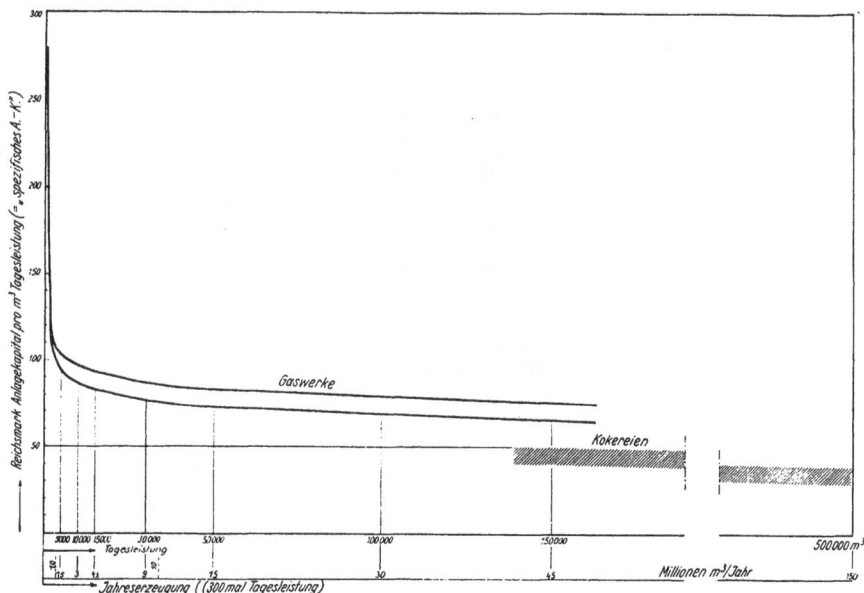

Abb. 17. Ungefähres spezifisches Anlagekapital von Gaswerken und Kokereien.

flacher abfallende Kurve, die sich mit einem kleinen Sprung in diejenige für Kokereien fortsetzt.

Aus dieser Kurve und den früheren Darstellungen über die Größenverhältnisse der südwestdeutschen (Abb. 4), sächsisch-thüringischen (Abb. 5) und gesamtdeutschen (Abb. 6) Gaserzeugungsanlagen kann man schließen, daß diese durch die Zersplitterung stark überkapitalisiert sind. In Mark ausgedrückt entspricht dies einem Betrage von weit über 100 Mio RM. Vergleicht man hiermit den Kapitalbedarf von Großrohrsträngen, so zeigt sich, daß u. U. allein der kapitalwirtschaftliche Gewinn größer ist als die ganzen Leitungsbaukosten, eine Feststellung, durch die die Bedeutung der Kapitalwirtschaftsfragen für das Großraumproblem erneut unterstrichen wird.

Dabei kommt in der Höhe des spezifischen Anlagekapitals noch nicht zum Ausdruck, daß die kleineren Werke im Durchschnitt eine weit höhere unausgenutzte Werkskapazität besitzen als die größeren. So hat Verfasser beispielsweise durch einen Vergleich des möglichen Jahreskohlendurchsatzes südwestdeutscher Gaswerke mit ihrem tatsächlichen Jahreskohlendurchsatz feststellen können, daß das Verhältnis beider Werte, also der Ausnutzungsgrad der Ofenanlagen, fast mathematisch mit der Werksgröße abnimmt, und zwar von 80% bis herab auf 36% (Abb. 18).

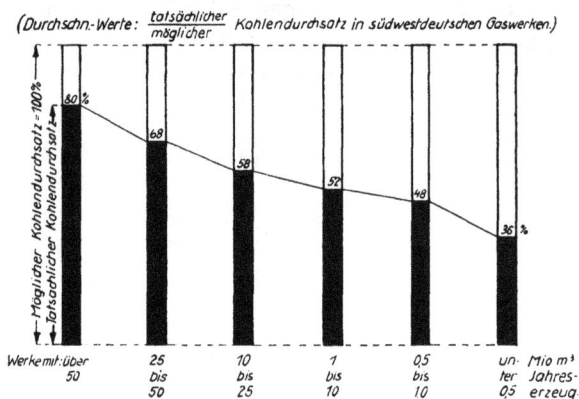

Abb. 18. Abnahme des Ausnutzungsgrades mit der Werksgröße.

Insgesamt wird also durch die Zusammenfassung der Erzeugung zu größeren Einheiten nicht nur das spezifische Anlagekapital vermindert, sondern auch der Ausnutzungsgrad erhöht, so daß eine doppelte Kapitalersparnis eintritt. Hiervon sind freilich wieder Umschaltkosten in Abzug zu bringen, auf die aber später noch eingegangen wird.

c) Günstiger Einfluß auf den zeitlichen Durchschnitt
des Kapitaldienstes.

»Säge« und zeitlicher Durchschnittswert. Die klaren Zusammenhänge zwischen Werksgröße und Kapitalwirtschaft werden nun
aber z. T. überdeckt durch ziemlich erhebliche zeitliche Schwankungen
des Kapitaldienstes. So kann z. B. ein großes, aber neu gebautes Werk
u. U. eine höhere Kapitaldienstbelastung je m³ aufzuweisen haben als
ein kleines, aber schon weitgehend abgeschriebenes.

Trägt man den Kapitaldienst je m³ über einen längeren Zeitabschnitt
graphisch auf, so erhält man eine sägenartige Kurve (Abb. 19): Unmittelbar nach einem Neu- oder Um-
bau ist die m³-Belastung verhältnismäßig hoch, weil der
in jeder Neuanlage enthaltene
Entwicklungsspielraum noch
nicht ausgenutzt wird. Mit
wachsender Menge nimmt die
Kapitalbelastung je m³ Gas ab,
erstens, weil sich der gleiche
Kapitaldienst auf eine größere

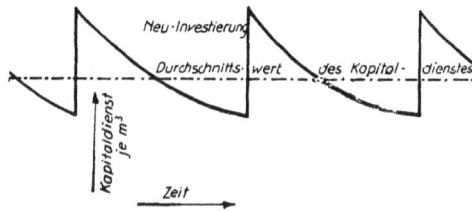

Abb. 19. Schema der Kapitalkostensäge.

Menge umlegt, zum andern, weil oft auch eine Verminderung des Kapital-
dienstbetrages an sich erfolgt, so daß insgesamt kurz vor der nächsten
Neuinvestierung ein Kleinstwert erreicht wird. Im Augenblick der Neuinvestierung schnellt die Belastung aufs neue empor usw., wodurch
das sägenartige Bild entsteht.

In Wirklichkeit ist das Bild meist etwas verwickelter, weil die Sägen-
zähne verschiedener Anlageteile gegeneinander versetzt zu sein pflegen.
Aber auch in der Gesamtkurve eines Werkes treten solche Sägenerschei-
nungen immer wieder auf.

Aus dieser Säge erklärt es sich in einfachster Weise, weshalb der
Kapitaldienst je m³ im großen Werk u. U. höher liegt als im kleinen:
das erstere braucht sich nur auf oder kurz nach einem Sägenzahn, das
letztere in einer Sägenkerbe zu befinden. Will man diese Zufälligkeiten
ausscheiden und ein zuverlässiges Vergleichsbild erhalten, so muß man
statt der Augenblicks- die zeitlichen Durchschnittswerte des Kapitaldienstes in Vergleich ziehen. Ein solcher zeitlicher Durchschnittswert
ist in Abb. 19 durch die strichpunktierte Linie angedeutet.

Dieser zeitliche Durchschnittswert ist auch die einzig zuverlässige
Grundlage für jede Art von langfristigen Entscheidungen, die in einem
Werke zu treffen sind. Würde man z. B. bei tarifpolitischen Entscheidungen von einem Kerbeneinschnittspunkte der Kapitalkostensäge aus-
gehen, ohne das Bevorstehen eines neuen Sägezahnes zu berücksichtigen
(sog. »Mehrkostenrechnung«), so könnten die schwersten Rückschläge

eintreten, sobald der auf dieser Augenblicksbasis aufgebaute Tarif zu gesteigertem Bedarfe führt, der seinerseits zu nicht vorgesehenen Neuinvestierungen zwingt.

Auch bei einem Vergleich von Werk zu Werk oder von einer Gasbeschaffungsart zur anderen kann nicht genug vor sog. Mehr- und Bestkostenrechnungen gewarnt werden, denen man, obwohl die Kapitalkostensäge eine allgemein bekannte Erscheinung ist, doch immer wieder begegnet.

Der zeitliche Durchschnittswert des Kapitaldienstes. Um aber den zeitlichen Durchschnittswert des Kapitaldienstes richtig anzusetzen, ist es nötig, zunächst einen Blick auf die Entwicklungserscheinungen des Kapitaldienstes zu werfen.

Werk und Entwicklung. Das Ziel einer vollkommenen Abstimmung von Bedarf und Leistung, Erzeugung und Erzeugungsfähigkeit aufeinander ist stets nur unvollkommen erreichbar, weil der Bedarf etwas Lebendiges, die Werksanlage etwas Starres, Feststehendes ist.

Als Beispiel für den stetigen Kampf zwischen Werk und Entwicklung, statischem und dynamischem Element, sei auf die Geschichte des Dresdner Gaswerkes verwiesen, das zu den ältesten deutschen Gaswerken gehört und in dessen hundertjährige Entwicklung eine im Jahre 1928 herausgegebene, auch sonst lesenswerte Darstellung einen interessanten Einblick gewährt.

In geradezu dramatischer Weise wird hier geschildert, wie immer wieder die Entwicklung an die Pforten des Werkes pocht, Anlagen, die für alle Ewigkeit bemessen schienen, oft schon nach verhältnismäßig kurzer Zeit durch die Entwicklung überholt werden, und neue Anlagen das gleiche Schicksal erleben. So türmt sich eine Gaswerksgeneration auf die andere, mit jeder wächst der Maßstab. Das längst verschwundene Gaswerk am Zwinger stellt während seiner Lebensdauer insgesamt 3 Mio m³ her, das ebenfalls verschwundene Gaswerk an der Stiftsstraße bringt es schon auf 159 Mio m³, das Neustädter Werk erreicht bis zu seiner Stillegung 762 Mio m³, und das heute allein noch liefernde Gaswerk Reick hatte bis 1928 schon insgesamt 1132 Mio m³ erzeugt.

Überall in der deutschen Gasversorgung sind ähnliche Fälle zu beobachten. So in Berlin, in Frankfurt a. M. (1828 Mainzer Landstraße, 1844 Obermainstraße, 1863 Gutleutstraße, 1870 Bockenheim — heutiges Westwerk—, 1904 Heddernheim, 1912 altes Werk am Osthafen, 1926 Osthafenkokerei) und anderswo. Und nicht nur bei den Veteranen des deutschen Gasfaches, auch bei jüngeren Werken stehen vielfach schon mehrere Gaswerksgenerationen aufeinander. Nicht nur die erste, auch die zweite und dritte Gaswerksgeneration gehören oft schon der Geschichte an.

Dann verfeinern sich die Methoden. Statt durch fortwährende Werksneubauten versucht man sich durch stufenweisen Ausbau der Anlagen an die Entwicklung besser anzupassen.

In besonders reiner Form begegnet man diesem Ausbauprinzip in den um die Jahrhundertwende erstellten Gaswerken.

Die Bevölkerungsbewegung stand damals im Zeichen raschen Wachstums. Darüber hinaus ließ die bekannte, unheilvolle Binnenwanderung die Städte gewaltig anschwellen. Die Gasverbrauchskurve schnellte empor. Umgekehrt schrumpfte der zur Ausdehnung der Gaswerke verfügbare Raum durch die Umklammerung seitens der sich ausbreitenden Städte immer mehr zusammen. Radikalmaßnahmen waren nötig.

Gewitzigt durch die Erfahrungen der Vergangenheit richtete sich damals das Augenmerk vor allem auf eine möglichst weitgehende Ausbaufähigkeit der Neuanlagen. Man sicherte sich vor allem nach damaligen Begriffen reichlich Platz. Gleisanschluß, Straßen und allgemeine Versorgungseinrichtungen wurden auf Zuwachs berechnet und der Werksgrundriß so gestaltet, daß bei Vermeidung einer anfänglichen Überkapitalisierung doch ein möglichst großer Entwicklungsspielraum blieb.

So entwarf man Idealgrundrisse, denen sich der Ausbau des Werkes in vorher festgelegten Ausbaustufen annähern sollte, und es ist auch heute noch lehrreich, dieses Vorgehen an einigen Beispielen zu verfolgen.

In Abb. 20 a ist der damalige Idealgrundriß des Gaswerks Kassel wiedergegeben.

Eine Symmetrieachse zerlegt den gesamten Grundriß in zwei Hälften, von denen die untere zunächst, die obere erst bei eintretendem Bedarfe ausgeführt werden sollte. Nur einzelne Anlageteile, wie die Zuführungsgleise, Kesselhaus, Uhren- und Reglerhaus, Lok.-Schuppen, Betriebsbüros u. ä. mußten von vornherein für Vollausbau vorgesehen werden, während andererseits ein Teil der ersten Ausbauhälfte (1 Ofenblock, ein Teil der Apparateanlage) noch zurückgestellt werden konnte.

Das in Abb. 20 b dargestellte, ebenfalls aus der Jahrhundertwende stammende Gaswerksprojekt Mannheim zeigt eine noch weitgehendere stufenweise Aufteilung. Nach der Baubeschreibung war vorgesehen:

einstufige Ausführung (sofortiger Vollausbau) für Bauplatz, Straßen, Gleise, Betriebsgebäude, Werkmeisterwohnung, Magazine, Werkstätten,

zweistufige Ausführung (zunächst die Hälfte) für Retortenhaus, Kohlen- und Kokshallen, Skrubberhaus, Maschinenhaus, Reinigerhaus, Uhren- und Reglerhaus, Kesselhaus und Hauptrohrleitungen,

vierstufige Ausführung (zunächst $\frac{1}{4}$) für Gasbehälter, Reiniger, Wäscher, Kühler, Retortenöfen.

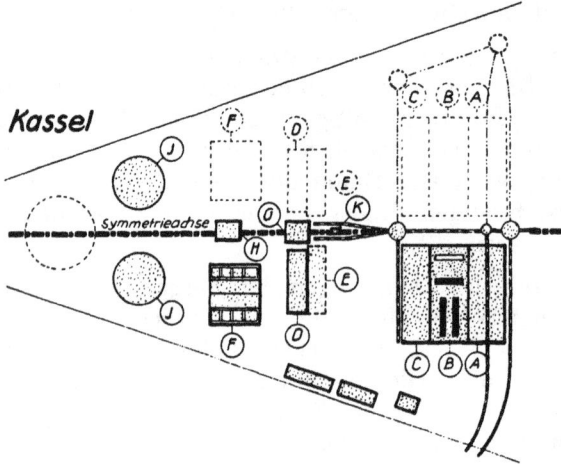

a

Kassel

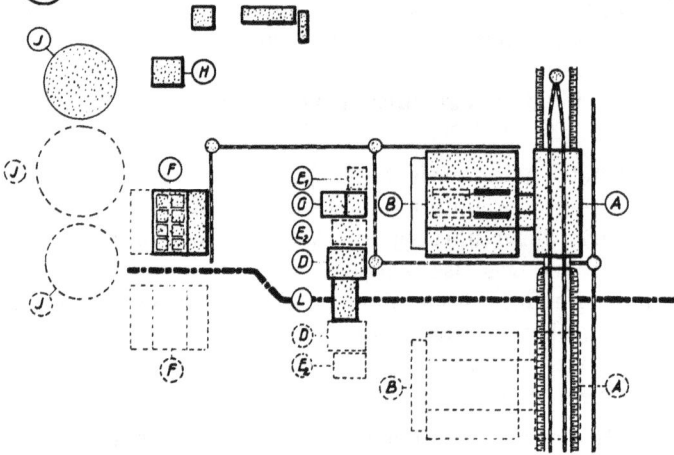

b **Mannheim**

Erklärung:

1. Ausbaustufe

Symmetrieachse

späterer Ausbau

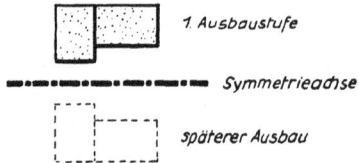

Abb. 20a bis c. Beispiele für stufenweisen Werksausbau.

Die eingekreisten Buchstaben kennzeichnen spiegelgleiche Anlageteile.

c

Stadt N

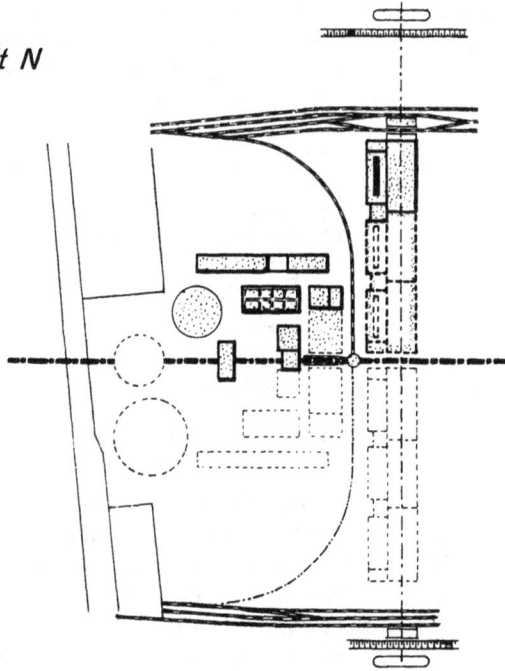

Stadt N heute

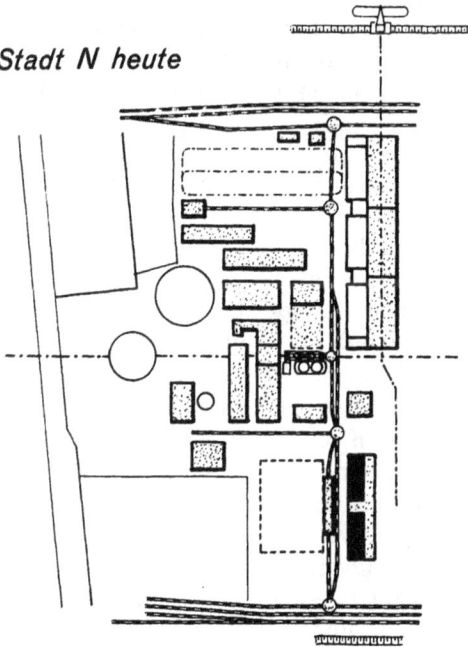

In schematisch vereinfachter Form ist dieser Ausbaugedanke in Abb. 21 wiedergegeben. Klarheit und Konsequenz des Ausbauprogrammes lassen unschwer die Patenschaft erstrangiger Fachleute jener Zeit bei seiner Aufstellung erkennen.

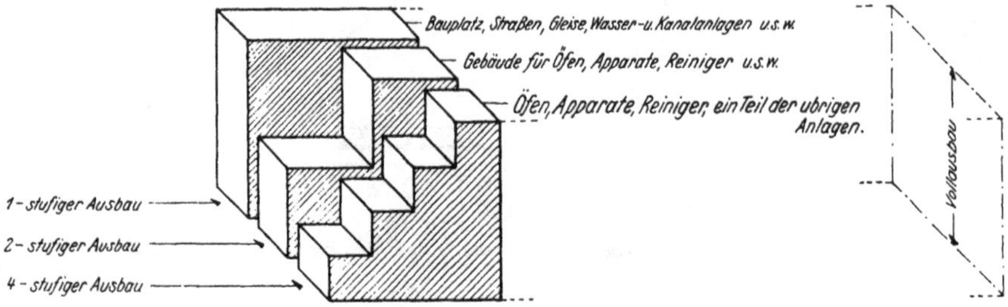

Abb. 21. Schema für den stufenweisen Ausbau eines Gaswerks.

Wenn schließlich in Abb. 20c als weiteres Beispiel noch das damalige Gaswerksprojekt der Stadt N wiedergegeben ist, so weniger, weil es grundsätzlich Neues böte, als darum, weil durch Vergleich dieses Idealgrundrisses mit dem darunter gezeichneten heutigen Zustande deutlich wird, daß auch der Stufenausbau noch nicht die letzte Lösung für die Frage der Anpassung des Werkes an die Bedarfsentwicklung darstellt. Denn durch den stufenweisen Ausbau wird zwar eine gute Anpassung an die Entwicklung des Bedarfes, aber keine solche an die Entwicklung der Technik erreicht. Die technische Entwicklung hat den in dem Idealgrundriß vorgesehenen Ausbauplan vollkommen über den Haufen geworfen. — Und ähnlich ist es auch den anderen Idealgrundrissen ergangen.

Dennoch hat man bis heute bei isolierter Einzelerzeugung kein anderes Mittel als den stufenweisen Ausbau gefunden, sich der Bedarfsentwicklung anzupassen.

So zeigen die Abb. 22a bis c Grundrisse von drei der modernsten deutschen Gaswerke (Gaskokereien). Trotz einschneidender Unterschiede auch hier wieder das gleiche Ausbauprinzip.

Die Unterschiede sind auch für die Beurteilung des Großraumproblems recht lehrreich.

Nur ein Menschenalter liegt zwischen diesen und den vorher gezeigten Grundrissen, und doch ist es eine ganz andere Gaswerksgeneration, die uns hier entgegentritt. Aus Werken von etwa 100000 m³ maximaler Tagesleistung sind solche bis zur fünffachen Größenordnung geworden. An Stelle von Retorten von einigen hundert kg Ladefähigkeit finden wir Großraumöfen von 10000 und mehr kg Ladefähigkeit. — Die Notwendigkeit der Bewältigung großer Massen hat neue Grundrißformen entstehen lassen. In flüssigen

A

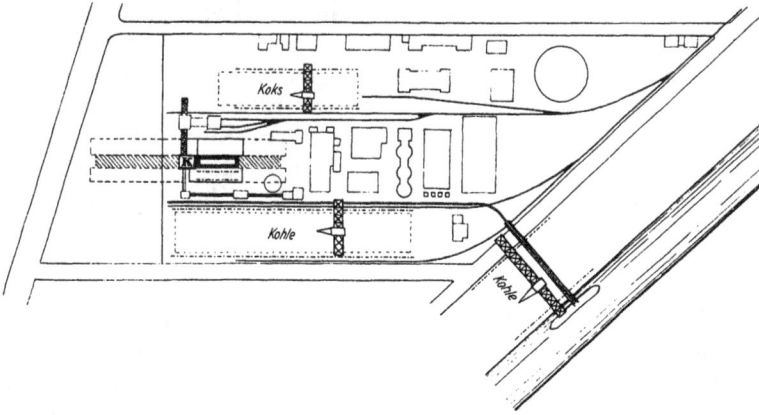

B

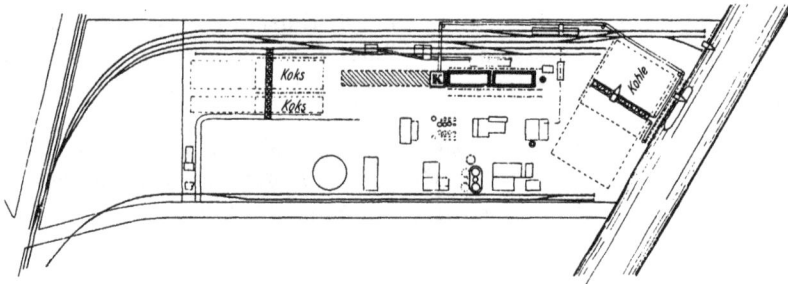

C

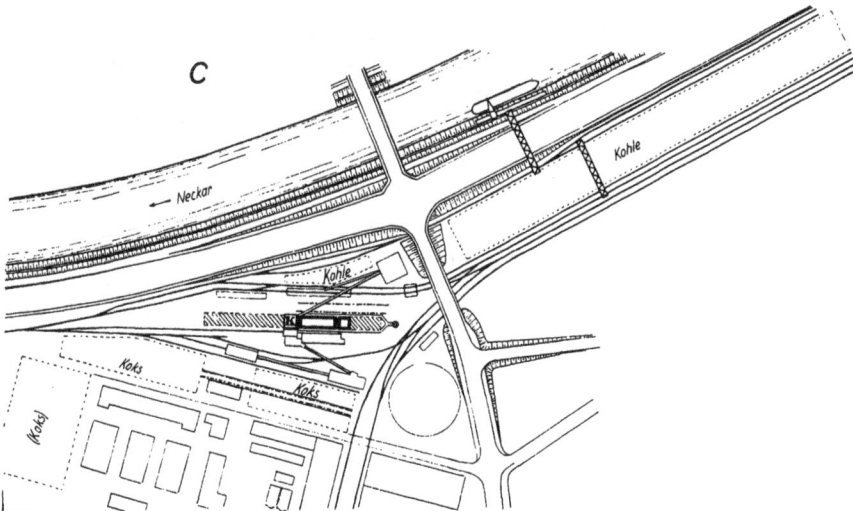

Abb. 22a bis c. Beispiele für größere binnenländische Gaskokereien.
K = Kohlenturm, schwarz = 1. Ausbau, schraffiert = Erweiterungsmöglichkeit.

Linien schmiegen sich die Eisenbahngleise den langgestreckten
Fronten der Kokereiöfen an und die in den alten Grundrissen so be-
liebte Drehscheibe oder Schiebebühne ist praktisch verschwunden.
Nicht die Bauwerke, die Verkehrsanlagen beherrschen den Grundriß.
Landstraßen, Eisenbahnen und Wasserstraßen sind zum Ausgangspunkte der gesamten Werksplanung, Drehkrane, Laufkatzen und
Transportbrücken zu wichtigsten Baugliedern geworden. Ein
gleichsam schwingender Rhythmus liegt über den Grundrissen, von
dem bei den früheren Werken nichts zu spüren war. Dies selbst bei
dem Grundriß *C*, der mit großer Geschicklichkeit in ein verzwicktes
Gelände eingefügt worden ist.

Aber unverändert blieb die Ausbauweise. Wieder ist es der
stufenweise Ausbau, der die Grundrißgestaltung beherrscht. »Es
mußten«, so heißt es in einer Beschreibung der Stuttgarter Kokerei,
»beim ersten Ausbau bereits Lösungen gefunden werden, die dem
weiteren Ausbau angepaßt waren, ohne durch den Umfang der
Bauten die Erzeugung nach dem Erstausbau durch übermäßigen
Kapitaldienst zu belasten.« — Worte, die aus einem Erläuterungs-
bericht der Jahrhundertwende stammen könnten, so ähnlich die
Überlegungen.

Auch hier ist der Stufenausbau nicht ganz streng durchgeführt. Z. B. mußten die Ofenfundamente und der Kohlenturm
von vornherein über Bedarf ausgebaut werden, erstere, weil der
Baugrund wegen der Nähe des Wasserlaufes ungünstig und daher
Rammarbeiten erforderlich waren, die wegen der Bodenerschütte-
rungen später in der Nähe der fertigen Öfen nicht wiederholt werden
konnten, letzterer, weil sich ein Kohlenturm, wenn überhaupt, so
nur mit großer Verteuerung stufenweise ausbauen läßt (»Beim
Kohlenturm konnte ein stückweiser Ausbau mit wirtschaftlichem
Nutzen nicht ausgeführt werden« — Stuttgarter Bericht). Für die
Öfen selbst ist jedoch in allen drei Fällen stufenweiser Ausbau vorgesehen, und zwar befinden sich die ersten Ausbaustufen auf einer
Seite des Kohlenturmes. Es entstand ein Kokereityp, den man
etwa als »Einflügelkokerei« bezeichnen könnte. Erst durch die in
den Grundrissen schraffiert angedeuteten Erweiterungen wird später
das normale Bild einer Kokerei, wie es aus dem Bergbau bekannt
ist, entstehen. — Ähnlich wie bei den Öfen ist auch bei den übrigen
Anlagen, soweit sie nicht schon von früher vorhanden waren, mehr-
stufiger Ausbau vorgesehen.

Hält man sich rückschauend vor Augen, was aus den Idealgrundrissen der Jahrhundertwende geworden ist, so sieht man deutlich die
Gefahren, von denen auch die modernen Idealgrundrisse bedroht sind.
Denn daß die technische Entwicklung mit der Gaskokerei ihr Ende
gefunden habe, ist kaum anzunehmen.

Es wird sich zeigen, daß auch diese Gefahren durch die Großraumwirtschaft wesentlich vermindert werden.

Wirtschaftlichere Anpassung an die Bedarfsentwicklung. Aber auch insofern bietet die Großraumwirtschaft die Möglichkeit zu einer besseren Anpassung der Werksanlagen an die Bedarfsentwicklung, als sich der Grundsatz des stufenweisen Ausbaues in einer Großraumwirtschaft vorteilhafter anwenden läßt als in der Einzelwirtschaft.

So folgt aus Abb. 23, über deren Grundlagen und Herleitung im Anhang Aufschluß gegeben wird, daß der Wachstumsbeiwert w, durch

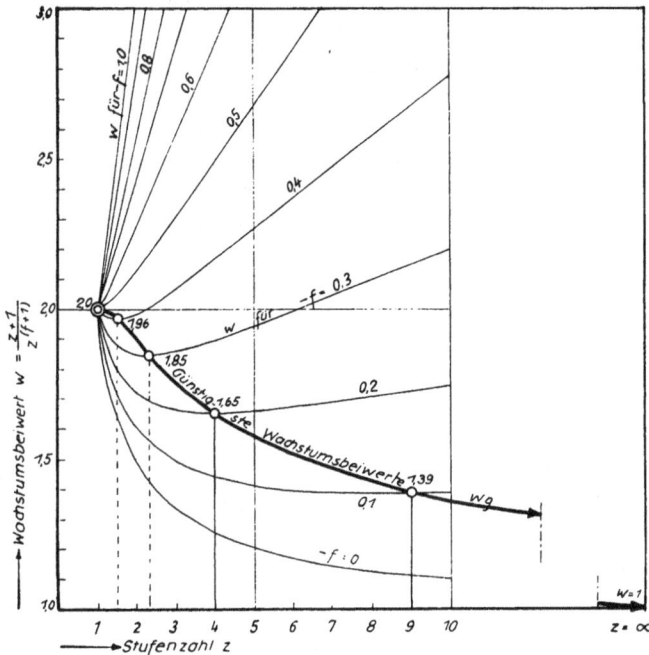

Abb. 23. Der Wachstumsbeiwert »w«.

den die Belastung der Anlagen mit unausgenutzten Wachstumsreserven rechnerisch zum Ausdruck gebracht werden kann, in den weiten Grenzen zwischen 1,0 und 2,0 schwanken kann, je nachdem, wie größenveränderlich das spezifische Anlagekapital ist (Wert f), und welche Stufenzahl sich demnach als günstigste ergibt. Je größer die günstigste Stufenzahl, um so geringer die Belastung einer Anlage durch unausgenutzte Wachstumsreserven. Gelingt es also, die Werksanlagen mehr und mehr in das Gebiet der geringeren Veränderlichkeit des spezifischen Anlagekapitals zu verschieben — und darin besteht die Wirkung der Großraumwirt-

schaft — so läßt sich der Wachstumsbeiwert und damit die Durchschnitts-
höhe des Kapitaldienstes ganz wesentlich herabdrücken.

Das leuchtet auch unmittelbar ein. Denn mit einer aus vielen
Aggregaten bestehenden Großanlage oder mit einer großen Zahl unter-
einander verbundener Einzelanlagen kann man sich in viel feineren
Abstufungen der Entwicklung anpassen als mit alleinstehenden oder
Kleinanlagen, deren Ausbau in mehreren Stufen technisch und kapital-
wirtschaftlich schwieriger oder kostspieliger ist.

Wir haben hier eine ähnliche Erscheinung vor uns, wie sie aus dem
Versicherungswesen bekannt ist. Das Gesetz der großen Zahl übt auch
in der Großraumwirtschaft seine ausgleichende Wirkung aus. Die Zähne
der früher geschilderten Kapitalkostensäge werden abgestumpft, eine
gleichmäßige Senkung des durchschnittlichen Kapitaldienstes ist die Folge.

Sogar der Fall eines konstanten spezifischen Anlagekapitals und
damit einer Senkung des Wachstumsbeiwertes w auf 1,0 ist mit genügender Annäherung praktisch erreichbar. Dieser Fall liegt nämlich
schon dann vor, wenn eine so große Zahl optimal ausgebauter Einzelanlagen miteinander gekuppelt ist, daß die Einzelanlage nur noch einen
kleinen Anteil an der Gesamtleistung stellt. Wohl der einzige Fall, wo
dies in der deutschen Gaswirtschaft schon heute zutrifft, sind die über
zwei Dutzend Kokereien des Ruhrgebietes, die untereinander durch
Großgasleitungen in Verbindung stehen, und die im Durchschnitt eine
Optimalgröße von rd. 150 Öfen besitzen (gegen 25, 36 und 60 Öfen der
früher geschilderten Gaskokereien). Nicht Werksteile, sondern ganze
Werke sind bei den Ruhrkokereien gleichsam die Ausbaustufen, und
zwar sehr feine Ausbaustufen, da ihr Einzelumfang nur 3 bis 4% der
Gesamtmenge ausmacht. Kapitalwirtschaftlich liegen die Verhältnisse
hier also besonders günstig. Es ist in diesem Zusammenhange verständlich, daß man dem Typ der Einflügelkokerei, den wir bei sämtlichen
Großgasereien antrafen, bei den Ruhrkokereien kaum begegnet. Bietet
doch die Zahl der Anlagen ein viel wirksameres und feineres Regulativ
für die Erzeugungsmenge als der Teilausbau einzelner Anlagen.

Das schließt natürlich nicht aus, daß auch hier die Einzelanlage häufig
noch erweiterungsfähig ist. Dann hat aber, wie das Beispiel Abb. 24
zeigt, der erste Ausbau und die spätere Erweiterung meist mehr den
Charakter eines in sich geschlossenen Werkes als den eines Werksteiles.

Während bei der heutigen Wirtschaftsform der deutschen Gaswirtschaft mit Wachstumsbeiwerten von mindestens 1,6 bis 1,7 zu rechnen
ist (vgl. die Abb. 23), kann durch die Sammelerzeugung im günstigsten
Falle eine Senkung auf 1,0, aber auch bei weniger straffer Zusammenfassung eine solche auf 1,1 bis 1,3 erzielt werden.

Die Sammelerzeugung wirkt sich also in kapitalwirtschaftlicher
Hinsicht an einem Punkte, der bislang kaum beachtet worden ist, in
recht erheblichem Maße günstig aus.

d) Verminderung der Umbau-
verteuerung.

Ein erheblicher Teil des Kapitalbedarfes der Gaserzeugungsanlagen entfällt, wie schon früher angedeutet, auf Umbauten und Modernisierungen. Werden doch durch jede Änderung des vorgesehenen Ausbauprogamms Teile der vorhandenen Anlage überflüssig oder entwertet, die Neubauten selbst erschwert und verteuert (ungünstige Raumverhältnisse, Um- oder Neubau von Zubringeranlagen usw.).

Dieser Nachteil fällt nur dann fort, wenn eine Anlage von vornherein den Umfang eines geschlossenen Werkes erreicht. Da alleinstehende Gaswerke aber nach dem Grundsatze des stufenweisen Ausbaus fast stets im Entwicklungszustande bleiben, bilden sie besonders oft den Schauplatz mehr oder minder großer Umbauten.

Gerade das an sich verständliche Bestreben, auf der Höhe der Zeit zu bleiben, hat hier vielfach zu einer Art Atomisierung des technischen Fortschrittes geführt, indem dieser sich wie eine Mode vom großen bis zum kleinsten Werke fortpflanzte und dadurch die Zahl der Umbauten erheblich emportrieb (vgl. die heutige Entwicklung zur Kleinkokerei).

Für die finanzielle Auswirkung derartiger Umbauten gibt die steil emporsteigende Kapitalbedarfslinie des bereits früher angezogenen mittleren Gaswerkes (Abb. 25) ein sprechendes Beispiel. »Umbau kostet Geld« heißt es in der Sprache der Praxis.

Hat sich die Erzeugung auf größere Anlagen gesammelt, so wird schon dadurch die Zahl der nötigen Umbauten vermindert. Dazu kommt, daß bei einer geschlossenen Erzeugergruppe der Umbau jeweils dort angesetzt werden kann, wo er die günstigsten Voraussetzungen findet. So wird es bei einer geschlossenen Erzeugergruppe nicht mehr nötig

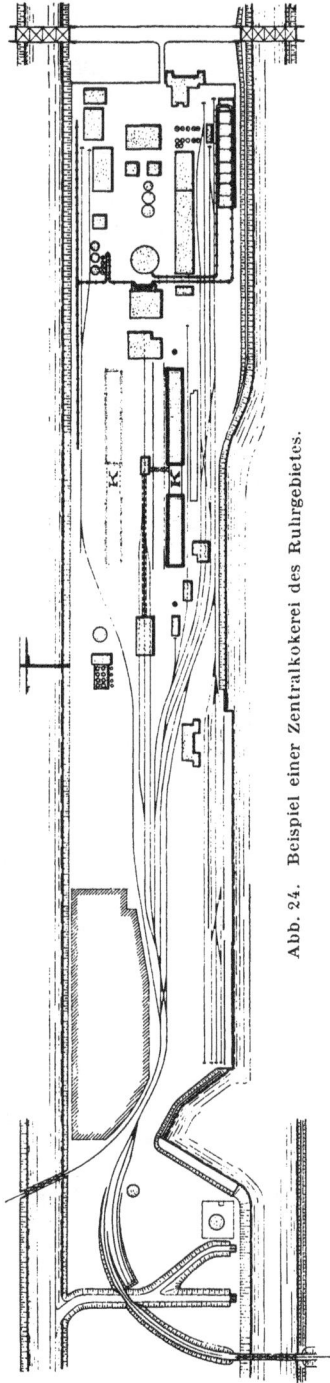

Abb. 24. Beispiel einer Zentralkokerei des Ruhrgebietes.

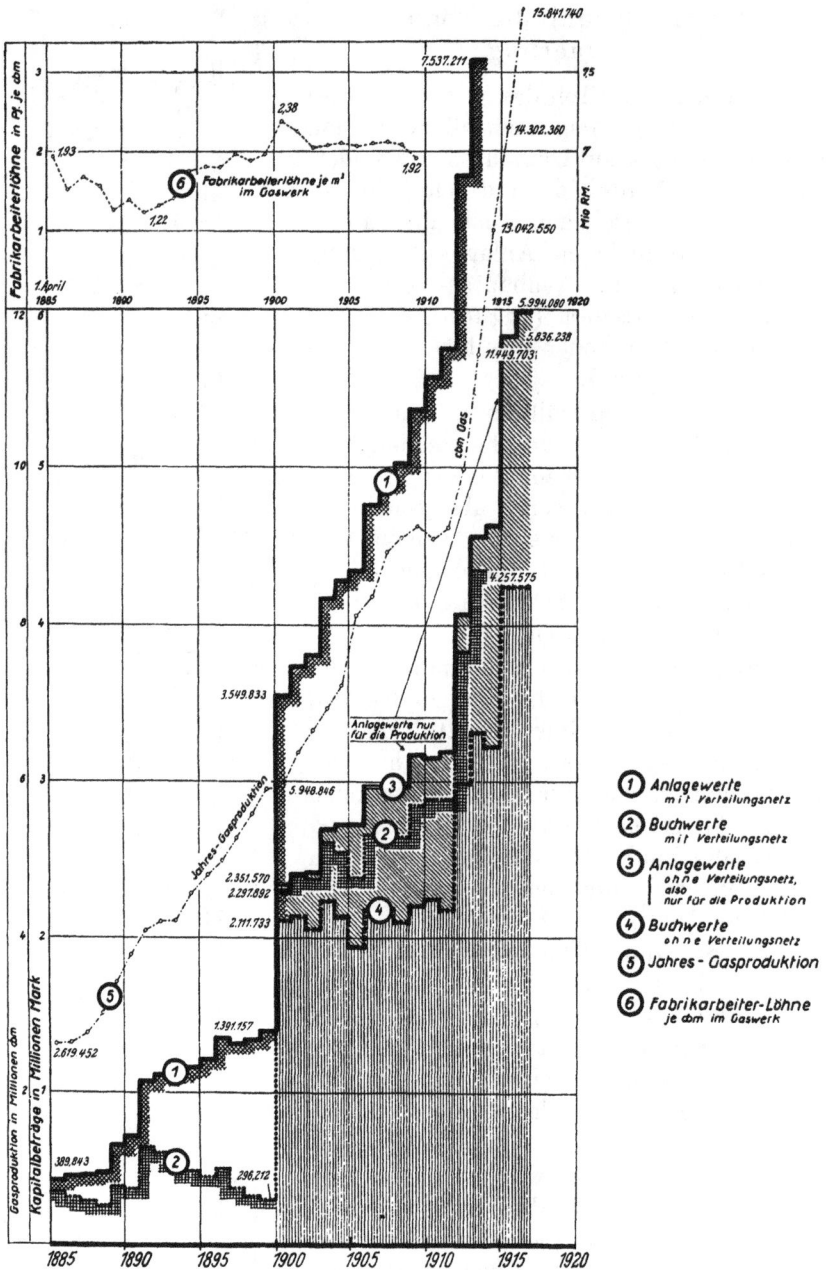

Abb. 25. Beispiel für den Kapitalbedarf eines Gaswerks mittlerer Größe.
Der gesamte Kapitalbedarf des bet. Werkes ist durch den Linienzug 1 veranschaulicht.
Linienzug 3 läßt erkennen, in welchem Maße gerade die Erzeugungsanlagen am gesamten Kapitalbedarf beteiligt sind.

sein, einen Umbau im Einzelwerk nur aus Raummangel vorzunehmen, wie bei jenem Großgaswerk, wo Raummangel zur Aufgabe der seitherigen Erzeugungsweise und zum Übergange zu mehr vertikalen Produktionsmitteln zwang (»Die Vertikale wurde zur Baudominante«, wie es in einem hierzu veröffentlichten Berichte heißt). Im Rahmen einer größeren Erzeugergemeinschaft kann der technische Fortschritt, auch wenn er nur an wenigen Stellen eingeführt wird, doch allen zugute kommen.

So läßt sich also auch die Umbauverteuerung durch die Sammelerzeugung erheblich vermindern. Und wenn es auch nicht möglich ist, diesen Faktor rechnerisch genauer zu erfassen, so ist es doch notwendig, hierfür wenigstens einen Merkposten einzuführen. Dieser wird als »Veränderungsbeiwert« v bezeichnet.

Der Veränderungsbeiwert bringt zum Ausdruck, um wieviel das Anlagekapital und damit der Kapitaldienst einer Erzeugungsanlage dadurch verteuert worden ist, daß die bestehenden Werksanlagen nicht auf dem Wege einer programmgemäßen, organischen Entwicklung, sondern durch Umbauten und Änderungen des ursprünglichen Bauprogrammes zu ihrer heutigen Form gelangt sind.

Es sei ausdrücklich erwähnt, daß dieser Veränderungsbeiwert auch dann in Ansatz zu bringen ist, wenn der technische Fortschritt an sich eine Verringerung des spezifischen Anlagekapitals mit sich bringt. Denn auch in diesem Falle wäre der Kapitaldienst, die Erreichung dieses Zustandes ohne Umbauten vorausgesetzt, niedriger als wenn der gleiche Zustand durch Umbauten erreicht wird.

Für die heutige Gaswirtschaftsform muß der Veränderungsbeiwert im Durchschnitt sicherlich mit 1,2, wenn nicht höher, in Ansatz gebracht werden, während er durch Sammelerzeugung wohl ohne weiteres auf 1,05 bis 1,10 gesenkt werden kann.

Auch die Verminderung der Umbauverteuerung gehört zu den günstigen zeitlichen Einflüssen der Sammelerzeugung auf die Kapitalwirtschaft der Gasherstellung, und man sieht also, wie mannigfach die Einflüsse der Sammelerzeugung in kapitalwirtschaftlicher Hinsicht auch abseits der zunächst in die Augen springenden größenordnungsmäßigen Einflüsse sind.

e) Abgleichung der Jahreslastkurve.

Aber nicht nur von der Produktionsseite, auch von der Absatzseite her wird die Kapitalwirtschaft der Gaserzeugungsanlagen durch die Sammelerzeugung günstig beeinflußt, insofern nämlich, als sich durch den Zusammenschluß mehrerer Versorgungseinheiten auch die Belastung verbessert. Die Tageshöchstlast tritt in einem Arbeiterwohngebiet zu einer andern Zeit auf als in einer Beamtenwohnstadt, in einem Industriezentrum zu einer andern als in einem Bäder- und Kur-

ort usw. Durch diese zeitliche Versetzung entsteht auch hier eine Art »Ungleichzeitigkeitsfaktor«, wie ihn die Elektrizitätswirtschaft schon lange kennt (nur daß er dort bereits in der Tageslastkurve, bei dem speicherbaren Gas aber hauptsächlich in der Jahreslastkurve zur Auswirkung gelangt).

Es dürfte ohne weiteres erreichbar sein, die heute bei etwa 275 liegende Belastungsziffer durch die Großraumwirtschaft entweder mit der Zeit auf 300 bis 325 zu erhöhen, oder die sonst zu befürchtende Absenkung der Belastungsziffer (Raumheizung, Industriekonjunktur!) zu vermeiden. Beides kommt praktisch auf eine Verbesserung der Belastung hinaus, die größenordnungsmäßig wohl mit 10% angesetzt werden darf.

Um auch diesen Einfluß in eine den seitherigen Herleitungen analoge Form zu bringen, wird der Belastungsbeiwert »t« eingeführt, wobei t das Verhältnis von Jahreslast zur Tageshöchstlast ausdrückt:

$$t = \frac{\text{Jahreslast}}{\text{Tageshöchstlast}}.$$ Eine 10proz. Verbesserung der Belastung entspricht einer Verminderung des Belastungsbeiwertes von 1,0 auf $\frac{1}{1,1}$ = 0,91.

f) Günstiger Gesamteinfluß.

Der Gesamteinfluß der Sammelerzeugung auf die Kapitalkosten der Gaserzeugung setzt sich aus den vier geschilderten Einzeleinflüssen zusammen.

Bringt man die Verminderung des spezifischen Anlagekapitals durch die zunehmende Größe der Anlagen mit einem Mittelwert von 50% in Ansatz, rechnet man ferner mit einer Verminderung des Wachstumsbeiwertes w um etwa 20%, einer Verminderung des Veränderungsbeiwertes um 10% und einer Verbesserung des Belastungsbeiwertes um ebenfalls 10%, so gelangt man insgesamt zu folgender Ersparnismöglichkeit:

1. Verminderung des spez. Anlagekapitals auf das 1 : 1,5 = 0,66fache,
2. Verminderung des Wachstumsbeiwertes w auf das 0,80fache,
3. Verminderung des Veränderlichkeitsbeiwertes auf das 0,90fache,
4. Verminderung des Belastungsbeiwertes auf das 0,91fache

entsprechend einer Gesamtverminderung auf das

$$0,66 \cdot 0,80 \cdot 0,90 \cdot 0,91 = 0,432\text{fache}.$$

Rund gerechnet kann also der Durchschnittskapitaldienst bei zielbewußter Ausnutzung aller in der Sammelerzeugung schlummernden Möglichkeiten mit der Zeit auf die Hälfte des heutigen Wertes gesenkt werden.

Man sieht auch hier wieder, wie falsch es wäre, bei produktionswirtschaftlichen Überlegungen den Kapitaldienst unberücksichtigt zu lassen,
»weil er durch das bereits investierte Kapital schon zwangsläufig gegeben sei«. Mit der Zeit kann man durch die Sammelerzeugung auch
von der vorhandenen Kapitalwirtschaftsbasis aus zu einer entscheidenden
Ersparnis gelangen.

4. Kapitalwirtschaftliche Umschaltkosten.

Die Ersparnisse werden jedoch auch hier durch gewisse Umschaltkosten geschmälert. Zwar kann man an sich den Standpunkt vertreten,
die Ausscheidung von Anlagen im Zuge der technischen Entwicklung
gehöre zu den normalen Verjüngungsvorgängen, zu deren Ausgleich in
jeder kaufmännisch richtig bemessenen Abschreibung sowieso eine entsprechende Reserve (Überalterungsabschreibung) vorgesehen sei, mithin
brauchten auch keine Sonderaufwendungen in Ansatz gebracht zu werden, wenn dieser Fall praktisch eintrete. Doch ist zu berücksichtigen,
daß es sich bei den Gaswerken durchweg um öffentliche Vermögens-
objekte handelt, deren entschädigungslose Vernichtung, einerlei wodurch
sie in Wirklichkeit verursacht wurde, immer der Allgemeinheit zur Last
fällt. Aus diesem Grunde soll ermittelt werden, wie hoch die Umschaltkosten werden, wenn jeglicher Wertausfall vermieden wird.

Die Höhe des Wertausfalles beläuft sich, wenn man den Betriebs-
wert einer Anlage mit B, den nach der Stillegung verbleibenden Rest-
nutzungswert mit R bezeichnet, auf $B - R$. Dieser Wertausfall ist innerhalb der Dauer des an die Stelle des seitherigen Erzeugungsbetriebes
tretenden Bezugsvertrages zu tilgen. Das hat dann zudem den Vorteil,
daß der gesamte Betriebswertausfall in Bargeld verwandelt wird,
und nach Ablauf des Liefervertrages die Mittel zu gleichwertigen Neubauten bereitstehen.

B und R können in verschiedenem Verhältnis zueinander stehen.
Ist das Werk veraltet, das Gelände wertvoll, so ist $B - R$ verhältnismäßig gering und umgekehrt. Da das meist mit Gleisanschluß ausge-
rüstete und auch sonst gut aufgeschlossene Gaswerksgelände mancherlei
anderweitige Verwertungsmöglichkeit bietet, wird der Restwert im allgemeinen mindestens 25% des Betriebswertes betragen. Der Wertausfall
ergibt sich dann zu 75% des Betriebswertes. Seine Tilgung innerhalb
von 30 Jahren erfordert bei 4% Zinsen je 1000,— RM. einen Jahres-
betrag von 5,78% · 750,— RM = 43,35 RM.

Da der aktive Kapitaldienst für je 1000,— RM. Anlagewert bei
Einzelerzeugung etwa 15% = 150,— RM. beträgt, so liegen die kapital-
wirtschaftlichen Umschaltkosten also etwa bei 30% des ersparten
Kapitaldienstes, sind also etwas höher als die personalwirtschaftlichen
Umschaltkosten.

Beträgt die Bruttospanne 50%, so wird die Nettospanne
50 — 0,3 · 50 = 35% betragen.

Auch hier handelt es sich bei starken Größenunterschieden um
Beträge von 1 bis mehreren Pfennig/m³ ($G_1 — G_2 — U$), wobei wiederum
zu berücksichtigen ist, daß die kapitalwirtschaftlichen Umschaltkosten
ebenso wie die personalwirtschaftlichen nicht mit der Menge zunehmen,
also, je m³ gerechnet, mit der Zeit stark zusammenschrumpfen.

5. Tragbare Fernleitungskosten.

Nunmehr liegt das erste für die Beurteilung des Großraumgedankens
und seiner praktischen Durchführbarkeit entscheidende Ergebnis vor:

Während es kaum möglich gewesen wäre, den Einfluß der Sammelerzeugung auf die Gaserzeugung (d. h. also den Wert ($G_1 — G_2 — U$),
Gl. (1), S. 31) für die Vollselbstkosten einwandfrei nachzuweisen, konnte
er für die drei Hauptpole der Gaserzeugung, die Personalkosten, die
Stoffkosten und die Kapitalkosten, getrennt, einwandfrei klargestellt
werden, wobei sich gleichzeitig ein für die Beurteilung des gesamten
Großraumproblems wertvoller Einblick in die Gesetze der Gasselbst-
kostenbildung ergab.

An allen drei Kostenpositionen ergeben sich durch die Sammelerzeugung wesentliche Ersparnismöglichkeiten, und zwar auch dann,
wenn man die Umschaltkosten so ansetzt, daß weder Arbeiter oder Angestellte ohne Pension entlassen, noch Kapitalwerte ohne Gegenwert
vernichtet werden, sondern letztere sogar in Barform überführt werden.

Die Höhe der Nettoersparnisse ($G_1 — G_2 — U$) liegt bei j e d e m
der drei Posten in der Größenordnung von einem bis mehreren Pfennigen
für jeden Kubikmeter desjenigen Gases, das seither in einer kleineren
und mittleren Einzelanlage erzeugt, in Zukunft durch Sammelerzeugung
hergestellt wird. Ebenso tritt aber auch für die seitherige Erzeugung
der zu Sammelwerken auszubauenden Anlagen eine gewisse, teils durch
die Vergrößerung, teils durch die Kupplung bedingte Ersparnis ein, die
jedoch geringer ist. Insgesamt bewegt sich die Nettospanne zwischen
Einzelwirtschaft und Sammelerzeugung in dem weiten Spielraum zwischen mehreren Pfennigen je m³ und Pfennigbruchteilen, worauf im
Anschluß an die Untersuchung der Gasversandkosten noch eingegangen wird.

Bei einem Vergleich mit Gasverkaufspreisen von 15 bis 20 Pfennigen
je m³ könnte auch hier wieder die Versuchung auftauchen, die Bedeutung
der Großraumwirtschaft zu bagatellisieren. Demgegenüber sei daran
erinnert, daß die Großraumwirtschaft neben den rein wirtschaftlichen
auch noch bedeutende wehr- und siedlungspolitische Aufgaben zu er-
füllen hat, die u. U. sogar gewisse finanzielle Opfer rechtfertigen würden,
und daß überhaupt in einer hochentwickelten Wirtschaft der technische

Fortschritt weit häufiger in kleinen als in großen Stufen vor sich geht. Der gesamte technische Fortschritt ist heute zum überwiegenden Teile das Ergebnis kleinstufiger Einzelfortschritte.

Wichtig ist ferner, daß die Absatzmöglichkeiten eines Erzeugnisses erfahrungsgemäß stets rascher zunehmen als der Preis abnimmt (Abb. 26). Eine Preissenkung um den gleichen Betrag hat auf einem an sich schon niedrigeren Preisniveau eine weit größere Mengenausweitung zur Folge als auf einem höheren. Die Wirkung einer jeden Preissenkung ist stets größer als ihrem Absolutwert entspricht, und zwar deshalb, weil gleichzeitig mit der intensiveren Ausnutzung der seitherigen Absatzmöglichkeiten die

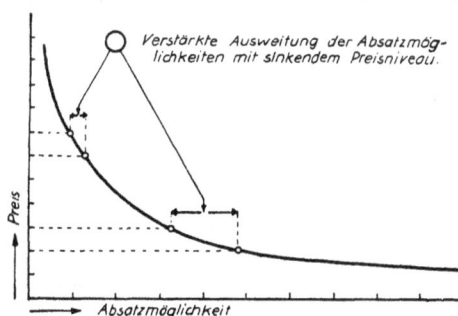

Abb. 26. Bedeutung des letzten Pfennigs.

Erschließung neuer Absatzgebiete erreicht wird. Diese Erfahrung hat sich in der Energieversorgung immer wieder bestätigt. Auch der gewaltige Aufschwung der westdeutschen Gaswirtschaft beruht auf nichts anderem als auf der konsequentesten Ausnutzung auch der letzten Pfennigersparnisse. Während der Zehntel Pfennig bei Gaspreisen von 15—20 Pf. kaum eine Rolle spielt, ist er bei Gaspreisen von 3 Pf. u. U. schon entscheidend über die Verwendbarkeit des Gases für irgendwelche Zwecke.

Kann darnach über die Bedeutung der aufgezeigten Ersparnismöglichkeiten an sich kein Zweifel bestehen, so folgt aus ihrer geringen Höhe doch, daß die tragbaren Fernleitungskosten nicht sehr hoch liegen dürfen, denn sonst wäre die Bedingungsgleichung der Großraumwirtschaft nicht erfüllt. Es ist daher äußerste Sorgfalt bei der Gestaltung der Gasversandanlagen geboten. Welche Grenzen der Sammelerzeugung mit Rücksicht auf die Gasversandkosten gezogen sind, kann nur an Hand einer näheren Betrachtung dieses Unkostenfaktors beantwortet werden.

V. Teil.

E. Die Gasversandkosten.

Mit den Gasversandkosten schaltet sich erstmalig ein neuer Faktor in die Untersuchung ein: die Entfernung. Diese Tatsache ist so in die Augen springend, daß der Versuch gemacht worden ist, die Entfernung zum alleinigen Maßstabe für die Wirtschaftlichkeit des Gasversandes zu machen. Es entstand die Theorie einer allgemeingültigen »wirtschaftlichen Reichweite« des Gasversandes. Sie hält jedoch der Praxis nicht stand. In Amerika wird Erdgas mit wirtschaftlichem Nutzen über weit mehr als 1000 km befördert, in der deutschen Gaswirtschaft gibt es sowohl Leitungen von nur wenigen Kilometern Länge, die nicht zur Rente zu bringen sind, wie auch wesentlich längere, die sich gut rentieren. Die Entfernung allein ist kein Maßstab für die Wirtschaftlichkeit des Gasversandes. Auch die Menge und andere Gesichtspunkte spielen eine bedeutende Rolle.

1. Kilometerbelastung.

Durch die Doppelabhängigkeit der Gasversandkosten von Länge und Menge wird ihre allgemeine rechnerische Erfassung erschwert. Um trotzdem zu einfachen und übersichtlichen Gesamtergebnissen zu gelangen, hat Verfasser eine Bezugsgröße eingeführt, die beide Faktoren gleichzeitig erfaßt: die Kilometerbelastung.

Als Kilometerbelastung wird hier diejenige Gasmenge (in Jahresoder Stunden-m³) bezeichnet, die auf 1 km Leitungslänge entfällt. Beispiel: Jahresversandmenge 1 Mio m³, Entfernung 10 km, Kilometerbelastung = 100000 Jahres-m³/km, oder, bei einer Benutzungsstundenzahl von 7000 = 14,3 Stunden-m³/km.

Wenn auch zwischen Kilometerbelastung und Versandkosten kein eindeutiger mathematischer Zusammenhang besteht, so wird doch durch Einführung dieser Hilfsgröße der Überblick über das Gebiet der Gasversandkosten ganz wesentlich erleichtert, ja, eigentlich erst ermöglicht.

2. Schwach- und Keimstrecken.

So können z. B. an Hand der Kilometerbelastung sofort die Strecken erkannt werden, auf denen sich, auf die Dauer oder vorübergehend, hohe Versandkosten ergeben müssen: Es sind die Strecken mit niedriger Kilometerbelastung.

Ist die niedrige Kilometerbelastung ein Dauerzustand, wie beispielsweise bei Gasversand in ländliche Gebiete ohne Industrie, so wird im folgenden von Schwachstrecken gesprochen. Ist sie die Folge einer bewußten Anlaufsmaßnahme, wie beispielsweise, wenn die Leitung A—B (Abb. 27) mit auf die Versorgung des zunächst noch nicht angeschlossenen Abnehmers C zugeschnitten und infolgedessen zunächst unterbelastet ist, so wird von Keimstrecken gesprochen, weil die Leitung

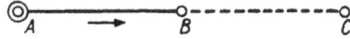

Abb. 27. Schema einer »Keimstrecke«.

A—B dann gleichsam den Keim zur Vollanlage A—C darstellt. — Keimstrecken sind meist hinsichtlich des Rohrdurchmessers überdimensioniert.

Ein Beispiel einer Keimstrecke ist die Leitung vom Ruhrgebiet nach Hannover. Aber auch sonst kommen Keimstrecken wie auch Schwachstrecken in der deutschen Gasversorgung häufiger vor, als gewöhnlich angenommen wird. Sie sind typische Symptome des Übergangszustandes, in dem sich die Gaswirtschaft heute befindet. — Verfehlt wäre es, aus ihnen Schlußfolgerungen über die Wirtschaftlichkeit des Gasversandes im allgemeinen zu ziehen, wie dies häufig geschehen ist. Man muß sich nur über die Gefahren selbst im klaren sein, um sie in Zukunft vermeiden oder ihre Folgen ausräumen zu können.

Wie hoch allein die festen Kosten des Gasversandes (Zinsen, Tilgung, Überwachung der Rohrleitungen) bei niedriger Kilometerbelastung werden können, zeigt folgende Überlegung: Beträgt die gesamte Jahresquote der festen Kosten 8% der Anlagekosten, und betragen diese, fix und fertig einschließlich aller Nebenanlagen, k RM./m Rohr, so entfällt auf jeden m³ Versandgas ein Festkostenanteil von

$$f \text{ (Pf./m}^3) = k \text{ (RM./m)} \cdot 8000 : \text{Kilometerbelastung (Jahres-m}^3\text{/km)}.$$

Für den praktisch in Betracht kommenden Bereich von $k = 10,—$ bis $15,—$ RM./m für Durchmesser von 80 bis 100 mm (kleinere sollte man für Gasfernleitungen nicht verwenden, erstens weil die Erdarbeits- und Verlegungskosten dann relativ zu hoch werden, zweitens weil Verstopfungsgefahr bestehen kann) bis zu $k = 50,—$ bis $60,—$ RM./m für Großfernleitungen ist diese Gleichung in Abb. 28 ausgewertet. Kubikmeter-

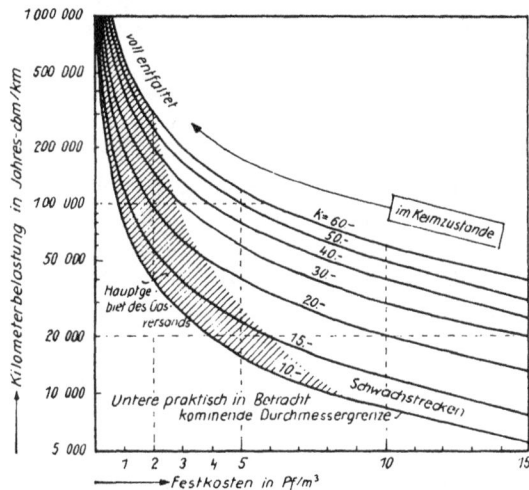

Abb. 28. Hohe Festkosten bei Schwach- und Keimstrecken.

belastungen von 5 bis 10 Pf./m³ können bei niedriger Kilometerbelastung entstehen.

Vergleicht man diese Zahlen mit den durch die Sammelerzeugung erzielbaren Ersparnismöglichkeiten, so hat man schon hier eine Erklärung dafür, weshalb mancher Gruppengasplan fallen gelassen, manche ausgeführte Leitung verlustbringend werden mußte.

3. Wirtschaftlich günstigste Versandkosten.

Während bei den Schwach- und Keimstrecken mit niedriger Kilometerbelastung die Kompressionskosten eine geringe Rolle spielen, wächst der Anteil der Kompressionskosten mit zunehmender Kilometerbelastung.

Das Problem der wirtschaftlich günstigsten Versandkosten liegt darin, den Rohrdurchmesser so auf die Menge und die Entfernung abzustimmen, daß die Summe von Festkosten (vor allem Kapitalkosten) und beweglichen Kosten (vor allem Kompressionskosten) möglichst gering wird.

Die Lösung dieses Problems gestaltet sich am einfachsten für den Fall, daß eine bestimmte Menge unvermindert bis ans Ende einer bestimmten Strecke zu befördern ist. Die für diesen Normfall entstehenden günstigsten Versandkosten werden im folgenden als »Normkosten« des Gasversandes bezeichnet. Ob und welche Abweichungen von den Normkosten durch Belastungsschwankungen, Reserveleitungen, Absatzentwicklung, Unterwegsabgabe oder Zwischenkompression verursacht werden, bleibe späterer Untersuchung vorbehalten.

Auf die Methoden zur Ermittlung dieser Normkosten braucht hier nicht eingegangen zu werden, nachdem die Fachliteratur diesen Gegenstand bereits erschöpfend durchforscht hat. Es möge genügen, einen kurzen Überblick über die Fernleitungsforschung und die auf Grund derselben von verschiedenen Verfassern aufgestellten Normkosten des Gasversandes zu geben.

Als Fundamentalwerk ist noch heute eine schon 1914 erschienene Dissertation von Hempelmann über die wirtschaftlich günstigsten Rohrweiten von Gasfernleitungen zu betrachten, die das Problem in seiner Gesamtheit weitschauend aufrollt. Erst Jahre nach dem Kriege, 1923, wurde das Gasfernleitungsproblem von Starke wieder aufgegriffen, der mehr empirisch an seine Lösung geht: aus umfangreichen Zahlentafeln werden jeweils durch Vergleich die wirtschaftlichen Bestwerte herausgesucht. Zahlentafel 7 gibt eine Zusammenstellung solcher Bestwerte.

1926 stellte Müller, Hamburg-Dessau, in seinen Untersuchungen über die Großgasversorgung Sachsens (GWF 1926, S. 989 u. ff.), 1928 Bayerlein (GWF 1928, S. 901) Kurventafeln auf, die beide einen vorzüglichen Einblick in die die Wahl der günstigsten Rohrweite beeinflussenden Umstände und die sich hierbei ergebenden Kosten vermitteln,

Zahlentafel 7.

Gasversandkosten in Pf/m³ bei günstigster Rohrweite (Normkosten) nach Starke.

Ansauge-leistung in m/³h 0 Grad, 760 mm	Gasförderkosten in Pf/m³ (Gold) je m³ Lieferleistung (am Ende der Leitung) 12 Grad C, 760 mm, bei einer Streckenlänge von km:					
	10	50	100	150	200	300
1 000	0,77	1,95	3,56	—	—	—
5 000	0,37	0,78	1,25	1,71	2,34	3,34
10 000	0,31	0,64	0,94	1,20	1,54	2,18
25 000	0,31	0,48	0,71	0,91	1,07	1,41
50 000	0,29	0,41	0,58	0,75	0,89	1,10
75 000	0,29	0,39	0,55	0,69	0,81	0,98
100 000	0,29	0,42	0,56	0,73	0,83	1,03
150 000	0,29	0,41	0,57	0,65	0,72	0,87
200 000	0,28	0,51	0,57	0,63	0,71	0,83

und auf die noch zurückgegriffen werden wird. Mehr auf das Metho-
dische erstreckt sich eine von Dr.-Ing. Müller (GWF 1929, S. 265) veröffentlichte Arbeit über eine nomographische Berechnungsmethode für
Gasfernleitungen. Traenckner (VDI-Zeitschrift 1929) geht wiederum
auf graphischem Wege an die Ermittlung der günstigsten Rohrweiten
heran, indem er um zahlreiche Einzelkurven Umhüllungskurven legt, die
die jeweiligen Tiefpunkte miteinander verbinden. Das von Traenckner
aufgestellte zusammenfassende Schlußbild seiner Ergebnisse ist in

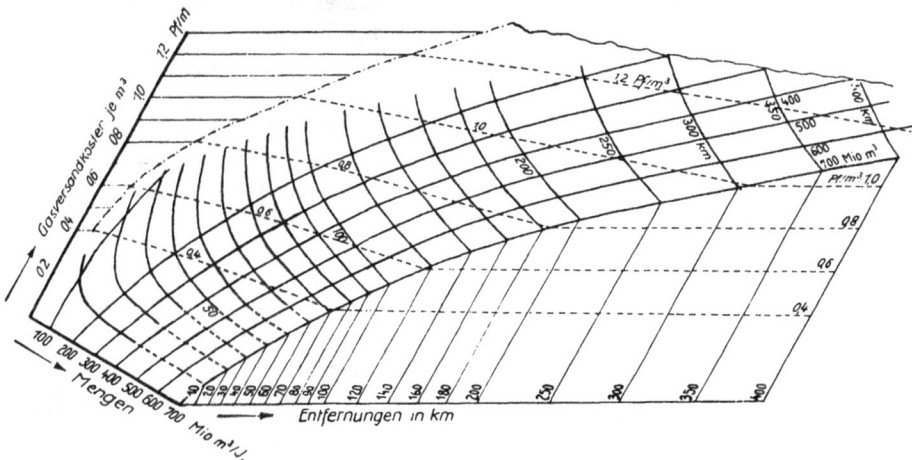

Abb. 29. »Normkosten« nach Traenckner.

Abb. 29 wiedergegeben, und zwar umgezeichnet auf Schrägperspektive,
um den Einfluß der Entfernung neben dem der Menge deutlicher hervortreten zu lassen. — Einen gewissen Abschluß dieser Forschungen
bildet die von Biel (1930) veröffentlichte Arbeit über die wirtschaftlich günstigsten Rohrweiten (Verlag Oldenbourg), mit welcher gleich-

sam die von Hempelmann begonnene Linie theoretischer Rechnung fortgeführt wird, jedoch unter Ausnutzung zwischenzeitlich gewonnener Erfahrungen über Rohr- und Kompressorkosten, Fortleitungswiderstände u. dgl. Als Grundlage für die Rohrreibungsberechnung wird die sog. »Gebrauchsformel« des Röhrenausschusses des Deutschen Vereins von Gas- und Wasserfachmännern benutzt, die von Biel selbst (GWF 1927, S. 547) eingehend begründet worden ist, sich inzwischen eingebürgert hat und folgendermaßen lautet:

$$\frac{p_a{}^2 - p_e{}^2}{L} = \frac{0{,}81 \cdot s \cdot Q_0{}^{1{,}875}}{(100\,d)^5}$$

worin:

p_a = Anfangsdruck (Kompressionsdruck) in ata,

p_e = Enddruck in ata,

L = Versandentfernung der Menge Q_0 in km,

Q_0 = Versandmenge (Normalumstände) in m³/h,

s = spezifisches Gewicht (für Stadtgas etwa 0,51),

d = Rohrdurchmesser in m.

Die Arbeit von Biel gipfelt in dem Versuch, alle für die Wahl der günstigsten Rohrweite maßgebenden Faktoren zu einer einzigen Kennziffer zusammenzuziehen. Für verschiedene solche Kennziffern sind der Arbeit dann graphische Tafeln beigegeben. Doch ist eine Zusammenstellung praktischer Fernleitungskosten in dieser Arbeit nicht enthalten. Biel bezieht sich hinsichtlich der Kosten durchweg auf die Zahlen von Starke, die er im wesentlichen anerkennt. — Die Bielsche Arbeit enthält eine aufschlußreiche Zusammenstellung, aus der die Gesamtfortleitungskosten bei günstigster Rohrweite und einem Kraftpreise von 1 Pf./PSh Arbeitsvermögen sowie die Aufteilung der Gesamtkosten auf Rohr- und Kompressionskosten abgelesen werden kann. Eine Mittelreihe aus dieser Zusammenstellung ist in Abb. 30 wiedergegeben. Man

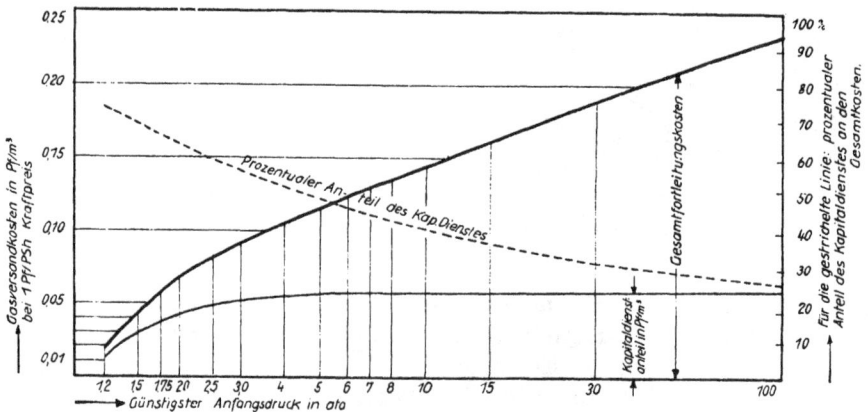

Abb. 30. Beispiel für »Normkosten« nach Biel.

sieht, wie der Kapitaldienstanteil mit zunehmendem günstigsten Anfangsdruck stark absinkt, wie aber der Absolutwert des Kapitaldienstes (gleichbleibenden Kraftpreis vorausgesetzt) von etwa 5 at ab praktisch konstant bleibt. — Schließlich sei noch das in der Denkschrift der A.-G. für Kohleverwertung (1927) enthaltene Zahlentafel erwähnt, das ebenfalls zuverlässige Anhaltswerte liefert.

Das gesamte in den vorgenannten Arbeiten enthaltene Forschungsmaterial ist in Abb. 31 graphisch zusammengetragen, und zwar in Anlehnung an die von Müller, Hamburg-Dessau, seinerzeit verwendete, für die vorliegenden Zwecke am besten geeignete Darstellungsweise: Auf der Senkrechten sind die Entfernungen, auf der Waagrechten die Mengen aufgetragen, und alle Punkte gleicher Normkosten durch Kurven miteinander verbunden. Am Anfang (links unten) findet man die Müllerschen Kurven selbst, daneben die von Bayerlein aufgestellten Werte, die sich beide auf einen kleineren Bereich beschränken. Die übrigen Kurven wurden durch Interpolation aus den im Punktefeld kenntlich gemachten Einzelwerten abgeleitet, was sich als zulässig erwies, da die Ergebnisse der verschiedensten Herkunft trotz einer gewissen natürlichen Streuung doch weitgehende Übereinstimmung zeigen und daher zur Mittelbildung berechtigen.

Daß die großen Kurvenlinien sich nicht ganz glatt an die Müllerschen Kurven anschließen, erklärt sich wohl durch die bei größeren Mengen niedrigeren Kompressionskraftkosten.

Der Knick bei der Ordinate 50000 ist darstellerischer Natur. Hier mußte der Maßstab gewechselt werden, um einen größeren Mengenbereich zur Darstellung bringen zu können.

Die Kompressionsdrücke hat man sich von rechts unten nach links oben in der Pfeilrichtung steigend, den Rohrdurchmesser in der gleichen Richtung abnehmend zu denken.

4. Normkosten und Kilometerbelastung.

Bei der gewählten Darstellungsweise liegen alle Punkte gleicher Kilometerbelastung auf geraden Linien. Solche Geraden gleicher Kilometerbelastung sind in Abb. 31 für Stundenbelastungen von 1000 bis herab zu 50 m³, entsprechend Jahresbelastungen von 7 Mio m³ bis herab zu ⅓ Mio m³, eingezeichnet.

Der Zusammenhang zwischen Normkosten und Kilometerbelastung kommt am deutlichsten in den Überschneidungen zum Ausdruck. Im unteren Teile der Abbildung werden die Kurven gleicher Versandkosten von den Geraden gleicher Kilometerbelastung mehrfach geschnitten. Hier können also die Versandkosten bei gleicher Kilometerbelastung verschieden hoch liegen. Insgesamt halten sie sich aber im Bereiche von Pfennigbruchteilen.

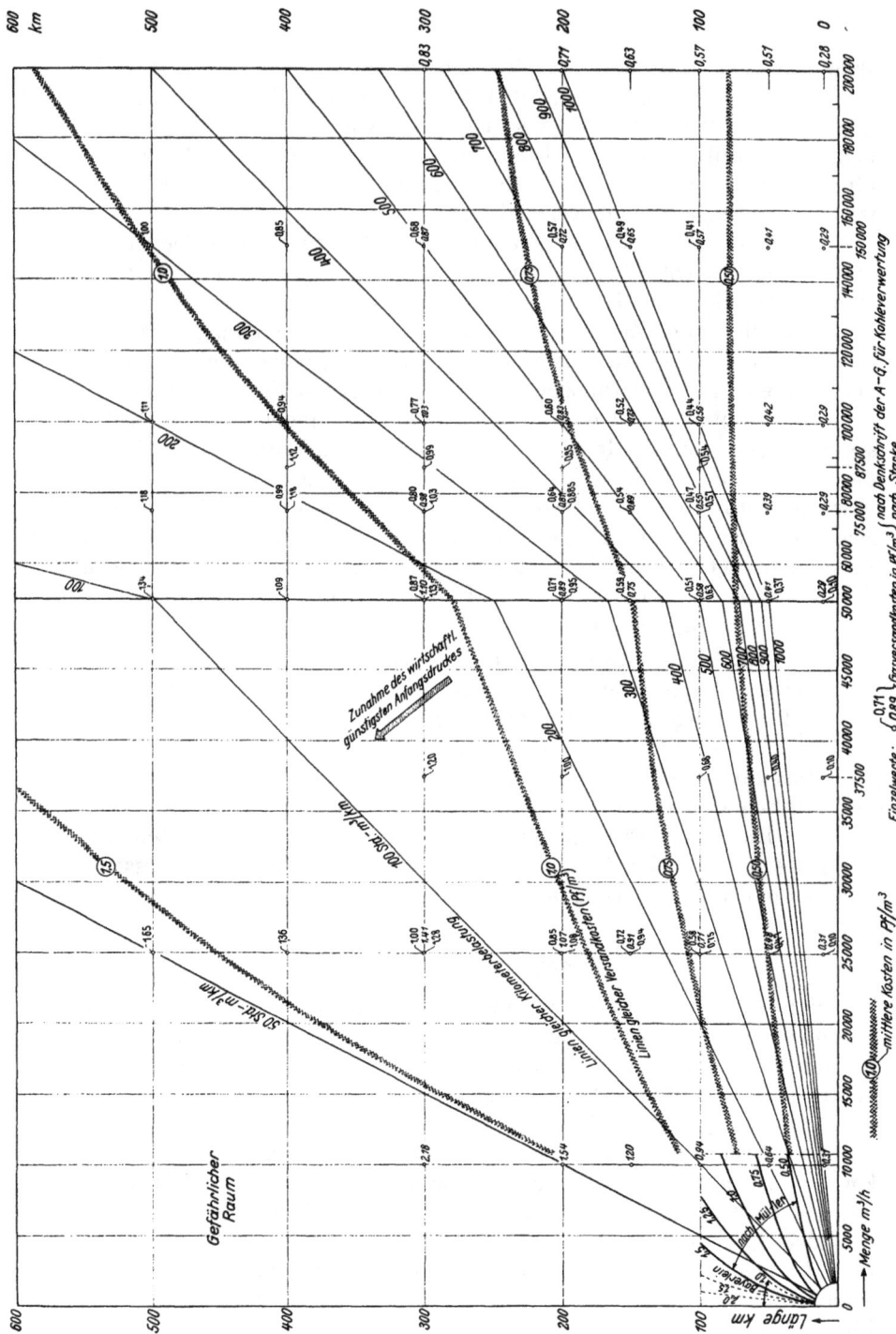

Abb. 31. Gasversandkosten bei günstigster Rohrweite und Einzellieferung ans Ende (Normkosten).

Mit abnehmender Kilometerbelastung werden auch die Überschneidungen seltener. Die 50-Stunden-m³/km-Linie läuft der Normkostenkurve 1,5 Pf./m³ praktisch bereits parallel. D. h. bei dieser Kilometerbelastung, die etwa einer Jahresbelastung von 0,35 Mio m³/km entspricht, ist innerhalb des Darstellungsbereiches der Abb. 31 — der etwa den Raumverhältnissen des Deutschen Reiches entspricht — der Einfluß von Länge und Menge im einzelnen nicht mehr wesentlich, sondern bietet das Verhältnis der beiden Größen zueinander, eben die Kilometerbelastung, bereits einen eindeutigen Maßstab für die Höhe der Normkosten.

Diese Erkenntnis ist sehr wichtig. Sie bietet nämlich die Möglichkeit, allein auf Grund der Kilometerbelastung zu sagen, ob die Versandkosten oberhalb, unterhalb oder in der Nähe von etwa 1,5 Pf./m³ liegen. Natürlich nur mit einem gewissen, praktisch aber für viele Fälle ausreichenden Genauigkeitsgrade.

Sinkt die Kilometerbelastung wesentlich unter diesen kritischen Wert, so wird damit der »gefährliche Raum« des Gasversandes beschritten, d. h. der Raum, in dem auch die Schwach- und Keimstrecken liegen, und in dem die Versandkosten u. U. wesentlich höher ausfallen können als die durch den Versand bezweckte Ersparnis.

5. Praktische Verwendbarkeit der Normkosten.

Wie bereits gesagt, umfassen die Normkosten nur den Fall, daß eine bestimmte, gleichbleibende Menge unvermindert bis ans Ende einer Leitungsstrecke befördert wird. Es bleibt daher zu prüfen, welche Abweichungen durch Änderung dieser Voraussetzungen hervorgerufen werden.

Einfluß von Belastungsschwankungen. Der Berechnung der Normkosten liegt die Annahme von etwa 6000 bis 8000 Jahresbelastungsstunden zugrunde. Es ist nicht anzunehmen, daß sich diese Annahme innerhalb einer Großraumwirtschaft in erheblichem Maße als unzutreffend erweisen sollte, zumal die Rohrbelastung durch den schon erwähnten Ungleichzeitigkeitsfaktor verbessert wird. Aber selbst wenn dies zutreffen sollte, so ergibt sich aus den Berechnungen von Hempelmann wie auch Biel doch mit aller Klarheit, daß, selbst wenn größere Schwankungen auftreten, diese die Höhe der Gasversandkosten verhältnismäßig wenig beeinflussen. Bei Langstreckenversand mit hohem Kompressionsdruck machen sich Belastungsschwankungen wirtschaftlich überhaupt kaum bemerkbar[1]).

Man kann also ohne nennenswerten Fehler diesen Faktor außer acht lassen.

Reserveleitungen? Hin und wieder ist die Meinung geäußert worden, man solle aus sicherheitstechnischen Gründen statt einer einzigen

---

[1]) Technisch wollen sie allerdings bedacht sein.

gleich zwei Leitungen legen. Das würde eine allerdings nicht unerhebliche Verteuerung bedeuten, weil die Verlegung von Doppelleitungen zur Erfüllung der gleichen Versandaufgabe wesentlich teurer ist als die Verlegung einer einzigen Leitung.

Der sicherheitstechnische Nutzeffekt einer solchen Maßnahme wäre jedoch gering, da die zweite Leitung wohl ziemlich den gleichen Eingriffen ausgesetzt ist wie die erste.

Die beste Sicherheit bietet stets ein Ringsystem. Dieses bedeutet aber keine Verteuerung, sofern es so angeordnet wird, daß jeder Halbkreis des Ringes seine eigenen Aufgaben zugewiesen erhält.

Wie im übrigen durch Netzbehälter, Generatoren u. a. m. die Sicherheit erhöht werden kann, bleibt an anderer Stelle zu erörtern. Für die derzeitigen Mengen kann jedenfalls eine vollkommene Sicherstellung oft schon durch geschickte Netzanordnung und betriebliche Kombinationen kostenlos erreicht werden, für den Bedarfsanstieg können aus den neu zufließenden Einnahmen jederzeit zusätzliche Sicherungen geschaffen werden.

Auch hier liegt also kein Grund zur Abweichung von den Normkosten vor.

Absatzentwicklung. Anders wirkt sich die Absatzentwicklung aus, von der zwei verschiedene Formen zu unterscheiden sind, der Absatzsprung und das allmähliche Wachstum.

Der schon von Hempelmann beobachtete Absatzsprung entsteht dadurch, daß die durch den Leitungsbau verbesserte Bezugsmöglichkeit vielfach neue Absatzmöglichkeiten (z. B. Industriegasabsatz) erschließt, die seither nicht bestanden. Infolgedessen schnellt der Absatz nach verlegter Leitung sprungartig empor (siehe den sprunghaften Anstieg der Ruhrgaskurve nach Verlegung des Ruhrgasnetzes). Dieser Faktor kann nur durch einen, wenn auch geschätzten, Zuschlag zur Rechnungsgasmenge berücksichtigt werden, bedingt also nur eine entsprechende Vorsicht in der Bemessung der Rechnungsgasmenge, aber keine Änderung der aus dieser Rechnungsgasmenge hergeleiteten Normkosten.

Man hat versucht, auch die zweite Form der Absatzentwicklung, das allmähliche Wachstum, durch entsprechende Zuschläge zur Ausgangsgasmenge zu erfassen, und es ist beispielsweise vorgeschlagen worden, die Ausgangsgasmenge um $40^0/_0$ zu erhöhen und die so erhöhte Menge für die Bemessung des Rohrdurchmessers zugrunde zu legen. Aber solche Faustregeln sind immer nur mit Vorsicht verwendbar. Sie werden praktisch immer nur angenähert richtig sein. Besser ist es, sich ganz allgemein über den Umfang der durch die Bedarfsentwicklung möglichen Abweichungen klar zu werden.

Werfen wir zu diesem Zwecke zunächst einen Blick auf Abb. 32, so ergibt sich bereits von vornherein eine wichtige Tatsache:

Die Änderungen der Versandkosten sind stets geringer als diejenigen der Menge.

Wird z. B. für den in Abb. 32 dargestellten Belastungsfall ein Durchmesser von 450 mm gewählt, so sind die Gasversandkosten zwar anfangs wesentlich höher, als wenn ein solcher von 300 mm gewählt worden wäre. Mit zunehmender Menge vermindern sich aber die Unterschiede, in der Mitte der Entwicklungszeit sind die Versandkosten für beide Rohrdurchmesser fast gleich, und gegen Ende der Entwicklungszeit ist der größere Rohrdurchmesser wirtschaftlich bei weitem überlegen. Über den gesamten Zeitraum betrachtet, sind die Kosten des Gasversandes aber trotz 50 proz. Verschiedenheit der Rohrdurchmesser fast gleich. Natürlich liegen sie höher, als wenn der Durchmesser zu jeder Zeit genau dem Optimum entsprochen hätte, in welchem Falle nur Kosten in Höhe einer gedachten unteren Umhüllungskurve der verschiedenen Einzelkurve entstanden wären.

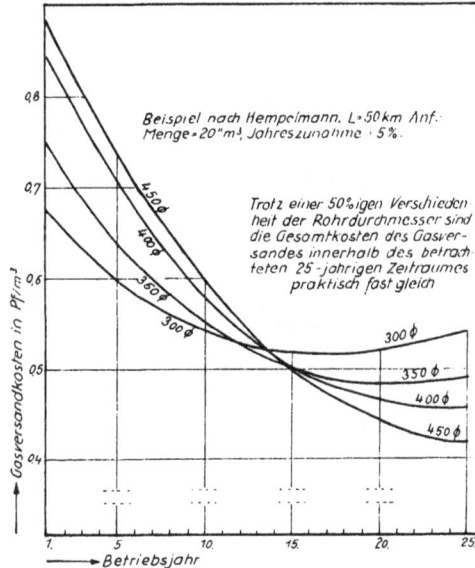

Abb. 32. Ausgleichende Wirkung einer längeren Entwicklungszeit auf die Gasversandkosten.

Um wieviel sich nun ganz allgemein die Gasversandkosten erhöhen, wenn die tatsächliche Versandmenge gegenüber der Rechnungsgasmenge um einen bestimmten Prozentsatz abweicht, hat Biel durch die in Abb. 33 auszugsweise wiedergegebenen Kurven beantwortet. Man sieht, selbst bei 100proz. Änderung der Menge und selbst bei den gegen Mengenänderungen empfindlichsten Niederdruckleitungen beträgt die Kostenerhöhung nur etwa 28%, bei normalen Hochdruckleitungen sogar nur 10%. Da nun, abgesehen von den hier nicht zu betrachtenden Keimstrecken, die Zeitabschnitte, wo die tatsächlichen Gasmengen um 100% von den Rechnungsgasmengen abweichen, immer nur von beschränkter Dauer sind, und da ferner nach Abb. 33 schon bei Annäherung an den Rechnungszustand ein wesentlicher Rückgang der Verteuerung zu verzeichnen ist, so liegt die durch die Bedarfsentwicklung eintretende Verteuerung der Normkosten im allgemeinen sicherlich innerhalb von 10%.

Gasfernleitungen besitzen also infolge ihrer Doppelabhängigkeit von zwei einander entgegengerichteten Kostengliedern, dem Kapitaldienst und den Kompressionskosten, eine wesentlich höhere wirtschaftliche Elastizität als die meisten sonstigen Anlagen.

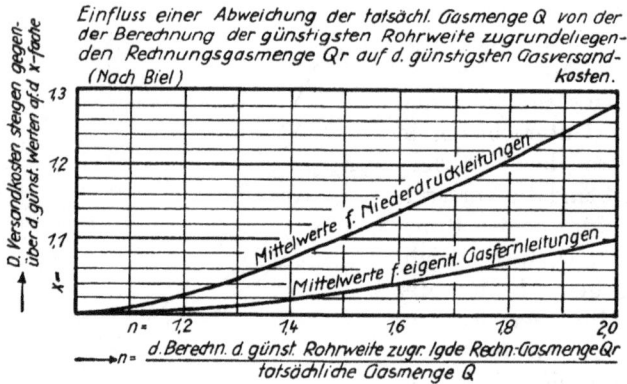

Abb. 33. Einfluß einer Mengenabweichung auf die Gasversandkosten.

Daß natürlich auch dieser Elastizität ihre Grenzen gezogen sind, wurde bereits früher gezeigt.

Unterwegsabgabe. Im Gegensatze zur Bedarfsentwicklung wirkt sich die Tatsache, daß die Versandmenge praktisch vielfach schon zum Teil unterwegs abgenommen wird, in einer Verminderung der Versandkosten gegenüber den Normkosten aus, die ja auf der Grundlage einer Durchleitung der Gesamtmenge bis ans Ende berechnet waren.

Man kann der Unterwegsabgabe entweder dadurch Rechnung tragen, daß man statt eines durchgehenden Rohrdurchmessers abgestufte Rohrdurchmesser verwendet, oder dadurch, daß man bei gleichbleibendem Rohrdurchmesser mit dem Anfangsdruck (Kompressionsdruck) herabgeht. Mit Rücksicht darauf, daß die Abstufung der Rohrdurchmesser nach den schon in der Einleitung geschilderten Erfahrungen u. U. sehr hinderlich für den weiteren Netzausbau sein kann, soll hier nur der erstere Fall untersucht werden.

Die Verminderung des erforderlichen Kompressionsdruckes durch Unterwegsabgabe kann durch einen Beiwert φ in der Rohrleitungsformel zum Ausdruck gebracht werden, für dessen Ermittlung in Abb. 34 die erforderlichen Hinweise gegeben sind. Je nach der Form der Belastungstreppe und der Zahl der Abgabestellen liegt φ zwischen 1 (Einzelabgabe am Ende) und 0,3478 (vollkommen gleichmäßig über die gesamte Strecke verteilte Abgabe). Da der Wert $p_e{}^2$ bei Gasfernleitungen gegenüber $p_a{}^2$

sehr oft vernachlässigt werden kann, läßt sich die in der Abbildung auf-
geschriebene Gleichung für viele Fälle auch vereinfachen in

$$p_a{}^2 = c \cdot L \cdot Q^m \cdot \varphi.$$

Man kann hiernach mit dem gleichen
Kompressionsdruck, der bei Einzellieferung bis ans Ende nur die Menge Q_1 zu
verfrachten gestattet, bei Unterwegsabgabe die Menge $Q\varphi$ zum Versand
bringen, wobei

$$Q\varphi = Q_1 \cdot \sqrt[m]{1/\varphi}.$$

Die Auswertung ergibt, daß beispielsweise im Grenzfalle einer völlig
gleichmäßig über die gesamte Strecke
verteilten Abgabe ($\varphi = 0{,}3478$) mit dem
gleichen Kompressionsdruck eine um
80 % höhere Menge befördert werden
kann, als bei Einzelentnahme am Ende.
Damit verteilt sich aber auch der Kapitaldienst auf die 1,8fache Menge, so
daß, wenn beispielsweise die Kapitalkosten 50 % der Gesamtkosten betragen, eine Senkung der Gesamtkosten
auf $50 + \dfrac{50}{1{,}8} = 78\%$, also um 22 % gegenüber den Normkosten, entsteht. Und
selbst bei nur zweistufiger Abgabe würde
sich nach der gleichen Rechnung immer
noch eine Kostenminderung um 11 % ergeben.

Die vorher errechnete Erhöhung
der Normkosten durch die Absatzentwicklung wird also durch die hier nach-
gewiesene Verminderung der Normkosten
durch die Unterwegsabgabe praktisch
mindestens aufgewogen.

Zwischenkompression. Eine
Zwischenkompression kann am Platze
sein, wenn ein großer Teil der Gasmengen auf kurze, ein kleiner auf sehr
weite Entfernungen befördert werden

Abb. 34. Verminderung des erforderlichen Anfangsdruckes p_a durch Unterwegsabgabe.

muß, oder, bei sehr langen Strecken die Überschreitung einer
unwirtschaftlichen Druckhöhe vermieden werden soll.

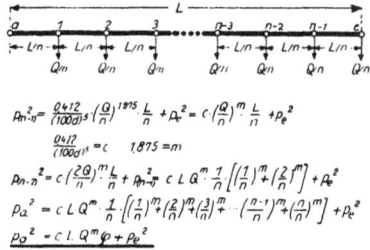

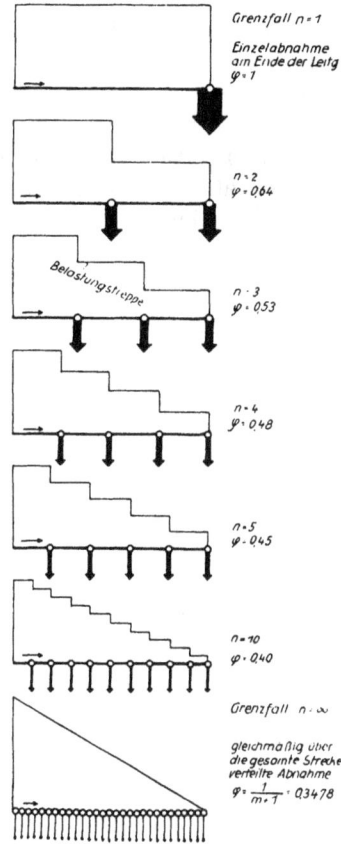

Da der Zweck in beiden Fällen darauf gerichtet ist, Ersparnisse gegenüber der Kompression von einem einzigen Endpunkte aus zu erreichen, die Normkosten aber mit dieser ungünstigeren Annahme berechnet sind, kann eine Erhöhung der Normkosten durch die Zwischenkompression nicht eintreten.

* * *

Insgesamt zeigt sich also, daß der Einfluß von Belastungsschwankungen auf die Normkosten des Gasversandes vernachlässigt werden kann, die Doppelberohrung zu Reservezwecken praktisch ausscheidet, durch sonstige Reserven keine Verteuerung einzutreten braucht, der verteuernde Einfluß der Absatzentwicklung durch den verbilligenden der Unterwegsabgabe praktisch aufgehoben wird, und eine Nichtberücksichtigung der Zwischenkompression die Verwendbarkeit der Normkosten nicht beeinträchtigt.

Die Normkosten haben daher, auch wenn sie unter vereinfachenden Annahmen errechnet worden sind, doch einen viel größeren Geltungsbereich, als es zunächst scheint. Sie sind ausgezeichnete Wegweiser durch das Gesamtgebiet der Gasversandkosten.

VI. Teil.

F. Möglichkeiten und Grenzen der Sammelerzeugung.

Nachdem nunmehr beide Seiten der Bedingungsgleichung der Großraumwirtschaft für die Sammelerzeugung bekannt sind, kann man die
Anwendungsmöglichkeiten und Grenzen dieser Wirtschaftsform wie von
einem Zentralpunkte aus überblicken.

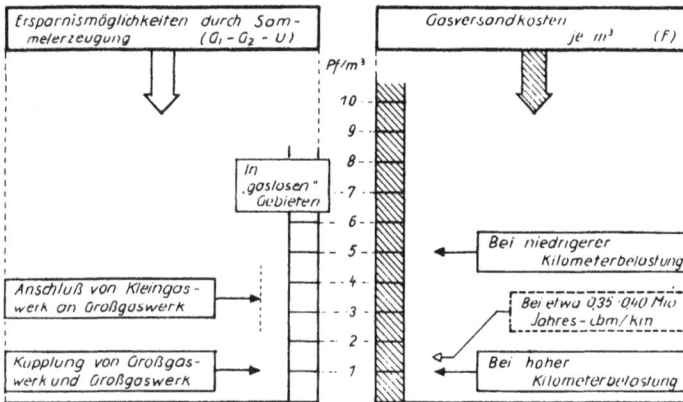

Abb. 35. Bilanz zur Frage der Sammelerzeugung.

In Abb. 35 sind auf der linken Seite die durch die Sammelerzeugung
erzielbaren Nettoersparnisse $(G_1 - G_2 - U)$, auf der rechten die Kosten
des Gasversandes (F), beide Male in Pf./m³ Gas, aufgetragen.

Drei Grundfälle lassen sich unterscheiden:

1. Die Kupplung von Großgaswerk und Großgaswerk.

In diesem Falle sind die durch Kupplung erzielbaren Ersparnisse
verhältnismäßig gering, weil ein eigentliches wirtschaftliches Gefälle
zwischen den zu kuppelnden Anlagen nicht besteht. Stoffwirtschaftliche
Ersparnisse werden vielleicht überhaupt nicht, personal- und kapitalwirtschaftliche nur in geringerem Umfange oder nur auf lange Sicht
erzielt.

Dementsprechend sind die tragbaren Gasversandkosten gering.

Um aber geringe Versandkosten zu erzielen, muß die Kilometerbelastung hoch, d. h. es muß entweder die zum Versand gelangende
Menge sehr erheblich oder die zu überbrückende Entfernung sehr
gering sein.

In der Tat ist der Fall der Vereinigung von Großgaswerken wohl
nur zwischen Nachbarstädten vorgekommen, wobei eines der beiden
Werke entweder vollkommen stillgelegt wurde (z. B. Offenbach a. M.
durch Frankfurt a. M., Wiesbaden-Mainz) oder doch erhebliche Teil-
mengen bezog (Heidelberg-Mannheim).

Dagegen ist der Fall der Kupplung von Großgaswerken über größere
Entfernungen wohl kaum einmal zu verzeichnen. Auch das leuchtet
ein. Denn gegen das einzige Mittel, auch in diesem Falle eine hinreichende
Kilometerbelastung zu erreichen, nämlich die Stillegung einer der beiden
Anlagen, bestehen sicherheitstechnische Bedenken, ohne daß ihnen ein
hinreichender wirtschaftlicher Vorteil gegenübergestellt werden könnte.
Eine Teilstillegung oder gar ein unvermindert er Fortbetrieb beider
Anlagen hingegen würde schwach belastete Kupplungsleitungen ergeben,
so daß diese sich nicht selbst tragen, sondern der Allgemeinheit zur Last
fallen würden.

Das gleiche gilt natürlich auch für eine Mehrzahl solcher Anlagen
und man kann ganz allgemein feststellen, daß es für eine großzügige
Kupplung von Großgaswerk zu Großgaswerk bei reiner Sammelerzeugung
an den nötigen Voraussetzungen fehlt. Hier steht die Sammelerzeugung
wirtschaftlich vor unüberwindbaren Schranken.

2. Kupplung von Groß- und Kleingaswerk.

Günstiger liegen die Verhältnisse an sich für die Kupplung von
Groß- und Kleingaswerk. Das wirtschaftliche Gefälle ist größer, durch
die Sammlung der Erzeugung in größeren Anlagen können daher größere
Ersparnisse erzielt werden, deren Höhe nach den früheren Darlegungen
im Durchschnitt bei 3 bis 4 Pf./m³ und darüber für jedes seither in einem
Kleingaswerk erzeugte, hinfort aus einem Großgaswerk bezogene m³
Gas liegen kann. Dementsprechend sind auch die tragbaren Fernleitungskosten hier höher, und schon bei geringerer Kilometerbelastung
wird die Wirtschaftlichkeit erreicht.

Dieser Fall ist daher auch in der Praxis häufig durchgeführt worden,
wie die bereits früher erwähnte Abnahme der Werkszahl seit 1913
bezeugt.

Heute sind aber auch diese Fälle seltener geworden, und ein großes
Betätigungsfeld für die Sammelerzeugung ist auch hier nicht mehr
gegeben. Immerhin kann in einzelnen Bezirken durch Kupplung von
Groß- und Kleingaswerk noch diese und jene Ersparnis erreicht werden.

3. Die Versorgung »gasloser« Gebiete.

Obwohl nicht eigentlich zur Sammelerzeugung gehörend, sei hier der Vollständigkeit halber noch angeführt, daß sich die höchsten tragbaren Fernleitungskosten natürlich dann ergeben, wenn es sich um die Versorgung bisher gasloser Gebiete handelt, weil hier jegliche Umschaltkosten fehlen und die Alternativmöglichkeit, Kleingaswerke neu zu errichten, nach dem heutigen Stande der Technik kaum noch in Betracht kommt.

Nachteilig ist hier nur, daß die Kosten der Unterverteilung gerade in ländlichen Gebieten recht erheblich sind. Durch diese verteilungsseitige Schwierigkeit ist auch für diese Art der Entwicklung der wirtschaftliche Spielraum begrenzt, sofern sie nicht als Nebenaufgabe übergeordneter Hauptaufgaben mit gelöst werden kann.

* * *

Obwohl also in den allgemeinen Untersuchungen über die Sammelerzeugung alle durch diese Form der Großraumwirtschaft erzielbaren Ersparnisse persönlicher, stoffwirtschaftlicher und kapitalwirtschaftlicher Art auf das Sorgfältigste erfaßt wurden, zeigt sich insgesamt doch, daß eine wirklich entscheidende Spanne zugunsten einer großzügigen Durchführung der Sammelerzeugung heute nicht mehr besteht. Entweder ist das wirtschaftliche Gefälle zwischen den einzelnen Werken zu klein, um die Kosten großzügiger Fernleitungen zu tragen, oder es ist schon seither zum Ausgleich gebracht worden (4000 km örtliche Fernleitungen). Eine durchgreifende Verbesserung der deutschen Gasversorgung in sicherheitstechnischer, finanzieller, versorgungstechnischer und allgemeinwirtschaftlicher Hinsicht kann heute von der reinen Sammelerzeugung nicht mehr erwartet werden.

Wohl mag in Einzelfällen die Zusammenfassung von Erzeugungsanlagen noch Vorteil bringen, für eine großzügige gesamtdeutsche Neuregelung ist auf diesem Wege nicht viel zu erhoffen.

Diese Erkenntnis, so enttäuschend sie zunächst erscheinen mag, muß einmal offen ausgesprochen werden. Sie schützt vor unnötigen Fehlbemühungen und fördert zugleich das Bestreben, andere Wege zu suchen, um den immer dringlicher werdenden versorgungstechnischen und sicherheitstechnischen Ansprüchen an die deutsche Gasversorgung gerecht zu werden.

Klar und deutlich haben die voraufgegangenen Untersuchungen gezeigt, welche Ersparnismöglichkeiten an sich im Großraumproblem noch stecken, sofern es einen Weg gibt, der eine wirtschaftliche Lösung des Ferntransportproblems ermöglicht.

Ob und wieweit dies der Fall ist, möge eine Untersuchung der zweiten Form der Großraumwirtschaft, der Ferngasverbundwirtschaft, zeigen.

VII. Teil.

G. Die Ferngasverbundwirtschaft.

1. Entstehung der Kokereigasüberschüsse auf dem Bergbau.

Im Unterschiede zu den Gaswerken, wo das Gas Haupt-, der Koks Nebenprodukt ist, war und ist bei den Zechen- und Hüttenkokereien des Bergbaus von jeher der Koks das Hauptprodukt. Die Kurslinie 6 der Geschichtstabelle Abb. 3 läßt deutlich erkennen, daß zwischen den Kokereien und der Gaswirtschaft Jahrzehnte hindurch überhaupt kein Zusammenhang bestanden hat. Die durch die Bedürfnisse der Eisenindustrie ins Leben gerufene Kokereiwirtschaft hat sich lange Zeit ausschließlich auf die Befriedigung dieser Bedürfnisse, also auf die Herstellung von Koks, beschränkt. Das gilt, obwohl die Kurslinien sich mangels anderer Unterlagen vorwiegend auf das Ruhrgebiet (mit allerdings ¾ bis ⁴/₅ der gesamten deutschen Kokserzeugung) beziehen, doch auch für die übrigen Reviere.

Erst kurz vor der Jahrhundertwende kam man überhaupt auf den Gedanken, das bei der Koksherstellung zwangsläufig als Nebenprodukt anfallende hochwertige Kokereigas zur Stadtgasversorgung heranzuziehen, statt es abzufackeln. Dieser Gedanke setzte sich dann wegen seiner inneren Folgerichtigkeit ziemlich rasch durch, so daß nach Pott im Jahre 1920 schon 14 Bergwerksgesellschaften des Ruhrrevieres an der Gasbelieferung von Städten beteiligt waren, und auch das bergische Land bis Barmen hin schon vor dem Kriege teilweise vom Ruhrgebiet aus mit Zechenüberschußgas versorgt wurde. 1926 betrug die Zechengaslieferung bereits 800 Mio m³ Gas an die Industrie, 357 Mio m³ Gas an Städte und Gemeinden.

Inzwischen hatte die Kokereiwirtschaft mehrfache Standortsverschiebungen durchgemacht, die auch gaswirtschaftlich von Bedeutung geworden sind und deshalb in Kurslinie 5 kurz zusammengefaßt wurden.

Ursache dieser Standortsverschiebungen war die Doppelverkettung der Kokereien mit der Kohlen- und Eisenwirtschaft.

Während nämlich die Gaswerke wirtschaftlich alleinstehende, zum Zwecke der Versorgung der Bevölkerung mit Gas errichtete Anlagen sind, handelt es sich bei den Kokereien des Bergbaus um Kuppelanlagen, die nach Abb. 36 doppelseitig mit der Kohlen- und Eisenwirtschaft verflochten sind. Änderungen von Grad und Rich-

tung dieser Verflechtung fanden in Standortsverschiebungen ihren Ausdruck.

Zunächst waren die Kokereien am engsten mit den Kohlenschächten verkettet. Um die Jahrhundertwende stand die Kokerei meist in Form einer kleineren Anlage unmittelbar beim Schacht. Dann erfolgte eine Abwanderung der Kokereien zu den Verbrauchsstätten ihres Hauptproduktes, des Kokses. Die Kokereien begannen als Hüttenkokereien ein neues Leben. Eine solche Hüttenkokerei (Friedrich-Wilhelms-Hütte) gab 1909 den Anstoß zur Entwicklung der sog. Schwachgasunterfeuerung, um

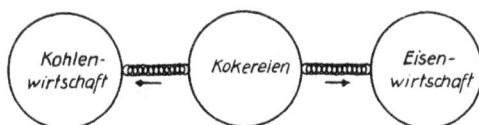

Abb. 36. Doppelverkettung der Kokereien mit der Kohlen- und Eisenwirtschaft.

das bisher zur Unterfeuerung benutzte Starkgas durch Gichtgas zu ersetzen und so für die Verwendung im Stahlwerk frei zu machen. So entstand der Verbundofen, der heute zum beherrschenden System aller neuen Kokereien geworden ist.

Als sich nach dem Kriege eine gründliche Erneuerung und Verjüngung der Kokereiwirtschaft als notwendig erwies, setzte zugleich mit dieser eine erneute Standortsverschiebung in Richtung auf die Zeche ein. Erleichtert durch eine Änderung der Syndikatsbestimmungen (Abkommen vom 30. April 1925), entstanden in den Jahren 1926 bis 1929 eine große Zahl von Großkokereien, die teils mit einzelnen Zechen eng verbunden waren, teils als sog. Zentralkokereien von mehreren Schächten beliefert werden. Diese Neubauten gaben der Ruhrkohlenwirtschaft ihr heutiges Gepräge. Kein einziges Land Europas verfügt über eine Kokereiwirtschaft, die sich mit der deutschen messen kann.

Die Hand in Hand mit diesen Standortsverschiebungen durchgeführte Modernisierung hatte eine wesentliche Verminderung des Gasselbstverbrauches der Kokereien zur Folge. Allein durch die feuerungstechnische Verbesserung (Abb. 16) dürfte ein Gasüberschuß von rd. 1,5 Mia m³ entstanden sein. Darüber hinaus wurde aber auch das Unterfeuerungsgas bei den mit Verbundöfen ausgestatteten Kokereien ersetzbar. Billige Brennstoffe und Gichtgas standen und stehen hierfür zur Verfügung. Und schließlich gestatteten die inzwischen erzielten Fortschritte der Feuerungstechnik, auch das seither zur Kesselbeheizung verwendete Starkgas durch billige Brennstoffe zu ersetzen.

So wuchs von drei Seiten ein bedeutsames Gasüberschußproblem heran.

Die Konzentration des Gasanfalles auf eine im Vergleich zu früher erheblich geringere Zahl von Kokereien — die freilich immer noch beträchtlich zahlreicher sind als die gesamten deutschen Großgaswerke — erleichterte die Erfassung, neuere Verfahren die Reinigung, Kompres-

sion und Versendung dieses Gases. So entstand eine Anzahl von Gasquellen, von denen jede unabhängig von der andern ihr Gas ins Netz liefern kann.

»Als daher Ende 1926 rd. 90% der im rheinisch-westfälischen Kohlensyndikat zusammengeschlossenen Zechen des rheinisch-westfälischen Kohlenreviers die Ruhrgas A.-G. gründeten, mit der Aufgabe, die Gasfernversorgung zur Durchführung zu bringen, und dem Koksofengas ein Absatzgebiet zu schaffen, in dem es eine seinen hohen Qualitäten entsprechende Verwendung finden konnte, waren alle technischen Voraussetzungen, von der Erzeugungs- und Transportseite aus gesehen, hierfür gegeben« (Baum-Lent, Weltkraftkonferenz 1933).

Zu welcher Höhe sich der Ruhrgasabsatz inzwischen entwickelt hat, ist bekannt und aus der Kurslinie 6 abzulesen. Die Entwicklung hat erstmalig ganz neue Maßstäbe in die deutsche Gaswirtschaft hineingetragen.

Was hier am Beispiel des Ruhrgebietes gezeigt wurde, gilt sinngemäß auch für andere Kohlenreviere, so für das wiedergewonnene Saargebiet, dessen Gasüberschüsse bislang vor allem auf den Hüttenkokereien basieren, für das Aachener Revier, für Sachsen, Oberschlesien, Niederschlesien usw., nur daß es sich hier nicht um gleich große Mengen handelt.

2. Hineinwachsen der Kokereien in die Gasversorgung im In- und Auslande.

So wurden die Kokereien überall zum Ausgangspunkte mehr oder minder ausgedehnter Gasversorgungsnetze.

Das bekannteste ist das Ruhrgasnetz, das sich im Osten bis nach Hannover, im Norden bis an die holländische Grenze, im Westen bis nach Köln und Bonn und im Süden bis nach Siegen i. W. erstreckt, von wo es inzwischen bis Wetzlar verlängert wurde und vor seinem Ausbau bis in das Rhein-Maingebiet steht. In Köln mündet gleichzeitig eine aus dem Aachener Revier kommende Kokereigasleitung.

Das Saargasnetz zieht sich ostwärts bereits durch die gesamte Pfalz bis Ludwigshafen, und auch Nieder- und Oberschlesien besitzen Ferngasnetze von erheblicher Bedeutung auf Kokereigasbasis.

Auch eine Reihe mehr örtlicher Hüttenkokereien ist durch ihre Gasüberschüsse in die Gaswirtschaft hineingewachsen. Bremen bezieht einen erheblichen Teil seines Gasbedarfes von der Norddeutschen Hütte, Stettin von der Hütte Kraft, Lübeck vom Hochofenwerk Lübeck. Auch Zwickau und Koblenz beziehen Teilgasmengen aus benachbarten Kokereien.

Aber nicht nur in Deutschland, in sämtlichen Ländern des nordwesteuropäischen Kohlengürtels hat sich diese Gemeinschaft zwischen

Kokereien und Gaswirtschaft angebahnt und teilweise schon weit entwickelt. So in Holland, in Belgien, in Nordfrankreich und in England. Freilich kann sich, wie schon gesagt, keines dieser Länder dabei auf eine auch nur annähernd so umfangreiche und technisch hochstehende Kokereiwirtschaft stützen wie Deutschland.

Trotzdem sind gerade in Deutschland in weiten Kreisen immer noch erhebliche Unklarheiten über die preis- und mengenmäßigen Grundlagen des Kokereigases verbreitet, Unklarheiten, deren Beseitigung für eine zutreffende Beurteilung der Ferngasverbundwirtschaft unerläßliche Voraussetzung ist.

3. Gaswerke und Kokereien.

Die allgemeinen Unterschiede zwischen Gaswerken und Kokereien sind bekannt.

Das primäre Verfahren ist zwar in beiden Fällen grundsätzlich das gleiche. Die Einsatzkohle wird unter Luftabschluß bei 1000 bis 1200⁰ zersetzt, wobei etwa die gleichen Mengen Gas, Koks und andere, hier zunächst nicht interessierende Produkte entstehen. Verschieden ist aber die sekundäre Weiterverarbeitung der primär gewonnenen Erzeugnisse. Der Unterfeuerungsbedarf wird bei den Gaswerken durch ein aus dem Koks erzeugtes Schwachgas, bei den Kokereien durch einen Teil des anfallenden Starkgases selbst gedeckt. Bei den Gaswerken wird ferner ein Teil des erzeugten Kokses normalerweise zur Wassergaserzeugung verwendet, während umgekehrt bei den Kokereien ein weiterer Teil des erzeugten Starkgases im Eigenverbrauch, und zwar vor allem zur Dampferzeugung, aber auch zu verschiedenen anderen Zwecken verwendet wird:

Zahlentafel 8.

Anhaltswerte für den Verbleib von Gas und Koks in Gaswerken und Kokereien, bezogen auf 1 t gleicher Einsatzkohle.

		Gaswerke		Kokereien	
		m³ Gas	kg Koks	m³ Gas	kg Koks
Primär erzeugt	{ m³ Gas { kg Koks	320	780	320	780
Unterfeuerung	{ m³ Gas { kg Koks		— 140	— 150	
Wassergaserzeugung	{ m³ Gas { kg Koks	+ 135	— 80		
Sonstiger Selbstverbrauch .	{ m³ Gas { kg Koks		— 50	} 170	— 50
Zum Verkauf oder zur Abgabe an Dritte verbleibend	{ m³ Gas { kg Koks	455	510		730 und mehr

Zur Verdeutlichung sind diese grundlegenden Unterschiede der Betriebsweise in Abb. 37 auch bildlich dargestellt.

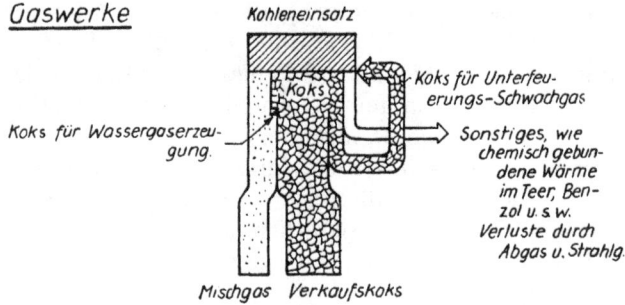

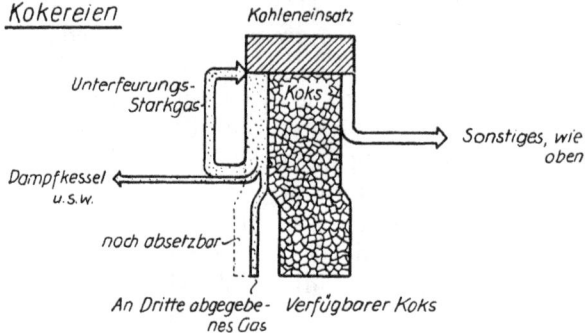

Abb. 37. Seitherige Regelbetriebsweise von Gaswerken und Kokereien.

Während also im Gaswerksbetriebe je t Kohle etwa 450 m³ Gas und etwa 500 kg Koks für den Verkauf freibleiben, beträgt die Verkaufskoksmenge der Kokereien, deren Hauptprodukt ja der Koks ist, über 700 kg Koks je t Einsatzkohle, und an Gas verbleiben nach Abzug des Unterfeuerungsstarkgases nur noch etwa 170 m³/t Kohle. Und während die 450 m³ Gaswerksgas restlos in den Verbrauch gehen, werden die 170 m³ Kokereiüberschußgas je t nur zum Teil abgegeben, zum Teil im Selbstverbrauch verwendet, teils auch abgefackelt (Sonntags). In dieser verschiedenen Verwendungsweise der Erzeugnisse kommt der Charakter der einzelnen Produkte als Haupt- oder Nebenprodukt bereits deutlich zum Ausdruck.

Seitdem nun aber Kokereiöfen, wie schon früher gezeigt, in mehreren Fällen auch auf den Gaswerken Eingang gefunden haben, haben sich die Grenzen in den technischen Voraussetzungen zwischen Gaswerken und Kokereien etwas verwischt. Das hat auch auf die wirtschaftliche Betrachtungsweise zurückgewirkt, zumal das Bestreben der Gaswerke, einen möglichst marktgängigen Koks zu erzeugen, die Aufmerksamkeit auch hier in erhöhtem Maße auf die Koksfrage gelenkt hatte, deren einschneidende Bedeutung für die Gasgestehungskosten wir ja schon

früher kennen lernten. Schließlich ist vereinzelt sogar die Ansicht vertreten worden, es sei lediglich eine Frage des kalkulatorischen Brauches, ob man eine entsprechend technisch eingerichtete Anlage als Gaswerk oder Kokerei, den Koks als Neben- oder Hauptprodukt bezeichnen wolle.

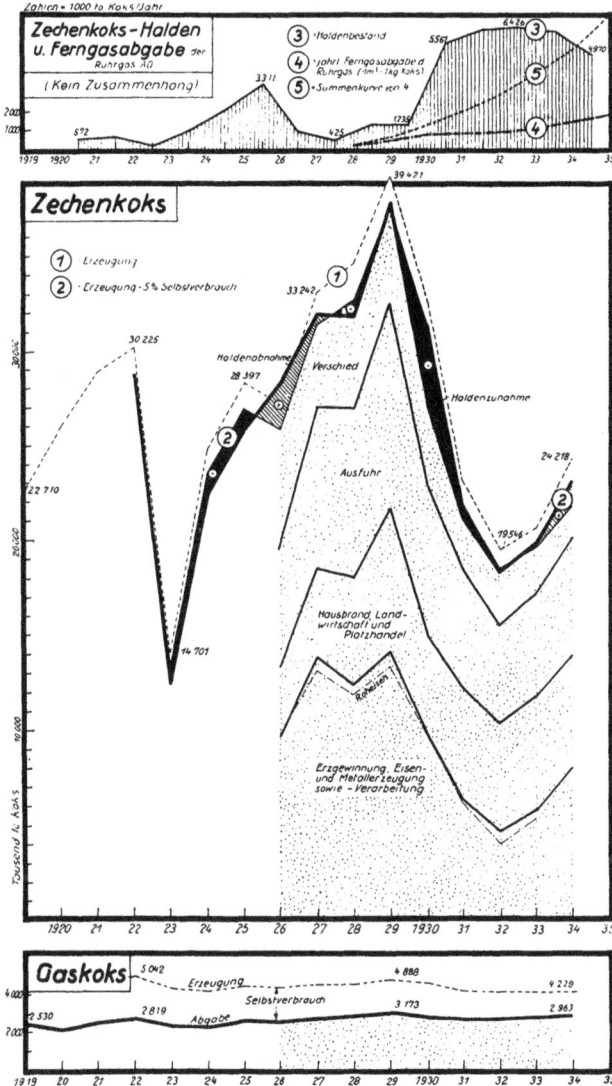

Abb. 38. Deutsche Kokswirtschaft nach dem Kriege.

Diese Ansicht ist aber unzutreffend. Der Unterschied zwischen Gaswerken und den Bergbaukokereien ist nicht nur eine Frage der

erzeugungstechnischen Einrichtungen — obwohl auch in dieser Hinsicht erhebliche Unterschiede (Größenordnung, Zahl, Ausbauweise u. dgl., siehe früher) bestehen und bestehen werden. — Er ist vor allem marktwirtschaftlicher Natur und beruht auf der ganz anderen volkswirtschaftlichen Stellung der Gaswerke und Zechenkokereien. Und wenn zur Kennzeichnung dieser Unterschiede die Ausdrücke Haupt- und Nebenprodukt — besser Beiprodukt — verwendet werden, so hat das einen ganz bestimmten volkswirtschaftlichen Sinn.

Betrachtet man z. B. die Zahlentafel 9 und die Abb. 38, in denen die wichtigsten Daten über die deutsche Kokswirtschaft für eine längere Zeitspanne zusammengestellt sind, so ist es nicht schwer, auf den ersten Blick einen wesentlichen Unterschied zu erkennen: Die Kokserzeugung der Kokereien hat alle Schwankungen des Koksmarktes aufzufangen, die der Gaswerke ist von diesen Schwankungen so gut wie unberührt geblieben. Die Zechenkokserzeugung ging bald auf 20 Mio t herab, bald auf 40 Mio t hinauf, die Gaskokserzeugung hielt sich in dem engen Rahmen von 4 bis 5 Mio t. Die Zechenkokserzeugung war durch den Koksmarkt bestimmt, dessen wichtigste Gruppen aus der Abbildung abzulesen sind, die Gaskokserzeugung war durch den Gasabsatz bestimmt. Besser als durch viele Erörterungen wird durch den unterschiedlichen Verlauf dieser beiden Kurven das völlig verschiedene Wesen von Gas- und Zechenkoks und damit zugleich auch ihrer korrespondierenden Produkte, des Gaswerks- und Zechengases, gekennzeichnet.

4. Kokshalden und Sortenproblem.

Eine Tatsache scheint freilich zunächst mit dem Wesen des Zechenkokses als Hauptprodukt des Bergbaus nicht recht übereinzustimmen, nämlich, daß zeitweilig im Bergbau Koks über Bedarf erzeugt und auf Halde genommen worden ist.

Dieser scheinbare Widerspruch löst sich aber, wenn man sich die bereits geschilderte Doppelverkettung der Kokereien mit der Eisen- und Kohlenwirtschaft ins Gedächtnis zurückruft, und bedenkt, daß hierdurch den Kokereien auch gewisse kohlenwirtschaftliche Aufgaben zufallen. Unter diesen ist besonders ihre Hilfsstellung bei der Lösung des sog. »Sortenproblems« zu nennen.

Mit »Sortenproblem« bezeichnet man bekanntlich die Tatsache, daß die Kohlen im Bergbau aus fördertechnischen Gründen fast stets in einem anderen Sortenverhältnis anfallen, als es absatztechnisch erwünscht wäre. Das Sortenproblem, auf dessen Einzelheiten hier nicht eingegangen werden soll, bezieht sich nicht, wie hin und wieder angenommen worden ist, auf eine ganz bestimmte Brennstoffsorte, es ist außerordentlich vielseitig und veränderlich. Alle wichtigsten produk-

1	2	3	4	5	6	7	8	9	10	11	12	13	14	15	16	17	18
																Zechen - Koks	
		Erzeugung									Hauptverbraucher					Halden	
Jahr	Zum Vergleich: Deutsche Steinkohlenförderg.	Ruhr einschl. Linksrhein	Aachen	Saar	West- Oberschlesien	Ost- Oberschlesien	Sonstige¹)	Insgesamt	Zur Zechenkoksherstellung verwend. Steinkohle	10 in %/₂ der gesamt. Steink.-Förderg	Ausfuhr	Einfuhr	Ausfuhr-Überschuß	Gruppe Eisen	Gruppe Hausbrand	Haldenbestand am Ende des Jahres	Haldenzunahme (—) Abnahme (+
	1000 t	in 1000 t						1000 t	1000 t	%	in 1000 t					in 1000 t	
1900	109 290	9 744	(1901) 243				97	11 900									
1905	121 299	12 098	371	978	1 263		858	16 491									
1910	151 073	18 028	1 076	1 499	1 585		999	23 600									
1913	190 109	26 703	1 199	1 750	1 284	981	1 379	34 630	44 199	23	6 433	595	5 838				
1913	154 827						²)	²) 32 653	41 472	27							
1914	161 385	21 704	875	1 282	1 199	967	1 441	³) 28 597	36 543	23							
1915	146 868	21 443	727	1 330	1 053		1 083	27 217	34 601	24							
1916	159 170	27 414	915	1 039	1 361	1 358	1 161	34 202	42 995	27							
1917	167 747	27 953	826	1 138	1 451	1 395	1 145	34 710	43 671	26							
1918	158 254	27 837	782	1 040	1 391	1 381	1 124	34 428	43 264	27							
1919	116 707	17 918	653	883	977	910	921	22 710	28 731	25							
1920	131 356	21 724	656	969	1 282	1 206	1 000	26 103	32 370	25	981	2	979			572	
1921	136 251	24 088	575	1 144	1 228	1 184	1 140	28 901	36 004	27	691	13	678			644	— 7
1922	129 965	26 281	624	1 528	1 438	1 331	2 552	30 225	37 709	29	908	289	619			170	+ 47
1923	62 316	10 115	379	1 259	1 504		1 227	14 071	17 404	28	271	1 503	(—1 232)			989	— 8
1924	118 769	21 781	876	1 750	1 120		1 178	24 885	31 230	26	865	339				2 105	— 1 1
1925	132 622	23 981	958	1 947	1 074		1 148	28 397	35 936	27	3 776	69	3 707			3 311	— 2 1
1926	145 296	23 450	965	2 109	1 049		1 194	27 297	34 612	24	10 363	51	10 312	9 592	3 643	920	+ 1 27
1927	153 599	28 695	1 057	2 232	1 239		1 294	33 242	42 012	27	8 794	146	8 648	13 787	4 694	425	+ 49
1928	150 861	29 946	1 202	2 373	1 434		1 348	34 775	44 132	29	8 885	262	8 623	12 314	5 668	1 285	— 80
1929	163 441	34 208	1 259	2 423	1 687		1 466	39 421	50 294	31	10 653	438	10 215	14 105	7 512	1 235	+ 5
1930	142 699	27 803	1 269	2 560	1 370		1 459	32 700	41 894	29	7 971	425	7 546	9 715	5 296	5 561	— 4 32
1931	118 640	18 835	1 235	1 941	996		1 198	23 190	30 859	26	6 341	659	5 682	6 318	5 837	6 308	— 74
1932	104 741	15 370	1 290	1 685	868		1 208	19 546	26 086	25	5 189	727	4 462	4 606	5 711	6 426	— 11
1933	109 692	16 771	1 373	1 880	860		1 230	21 154	28 486	26	5 382	718	4 664	5 724	6 037	6 173	+ 25
1934	124 857	19 975	1 278	2 180	998		1 297	24 485	33 023	27	6 166	776	5 390	8 909	5 926	4 970	+ 1 20
1935	143 015	22 958	1 246	2 334	1 173		1 382	29 556	40 607	28	6 611	751	5 860	10 897	6 278	3 433	+ 1 53
1936	bis 1933 nur Zechenkoks, ab 1933 Zechen- und Hüttenkoks						¹) Niederschlesien, Sachsen Niedersachsen Lothring. (bis 1918)	²) Nach RKV-Statistik 13: 33 343 14: 22 597 ³) St.J.D.R. 1923							Nur Bestände auf den Zechen	
1937																	
1938																	
1939																	
1940																	

22	23	24	25	26	27	28	29	30	31	32	33	34	35	36	Bemerkungen	Jahr
Hpt.-Vbr.	Geldwert von								Gaskoks							
Gruppe Hausbrand	Gesamterzeugung		Ausfuhr		Inlands-Absatz errechnet aus 23/24 — 25/26		Roheisenerzeugung	Verbrauch an Koks u. Holzkohle zu 29	Kohlenverbrauch der Gaswerke (Steinkle)	Gaskokserzeugung	Selbstverbrauch der Gaswerke	Verkaufskoks	34 in % von 31	34 in % von 95% d. Zechenkokserzeug.	Bemerkungen	Jahr
von 19	in 1000 (R)M	(R)M/t	in 1000 (R)M	(R)M/t	in 1000 (R)M	(R)M/t	1000 t	1000 t	in 1000 t			1000 t	%	%		
																1900
																1905
																1910
	607 479	17,5	146 700	22,8			16 764	19 124		5 356	1 736	3 620		11		1913
							11 529	12 953							(Heutiger Gebietsumfang mit Saar)	1913
																1914
																1915
																1916
							11 622	14 758								1917
																1918
										4 403	1 873	2 530		12		1919
										4 075	1 848	2 227		9		1920
										4 787	2 154	2 633		10		1921
							9 195	10 755		5 042	2 213	2 819		10		1922
							4 941	6 099		4 419	1 935	2 484		19	Ruhrbesetzung	1923
	626 472	25,2	27 700	32,0	598 772	24,9	7 833	8 449		4 300	1 850	2 450		10		1924
	609 304	21,5	103 810	27,8	505 494	20,5	10 089	10 527		4 505	1 780	2 875		11		1925
13	546 810	20,0	264 880	25,6	281 930	16,7	9 636	9 662	6 385	4 498	1 786	2 857	45	11		1926
14	666 101	20,0	230 560	26,2	435 541	17,9	13 089	13 306	7 194	4 632	1 744	2 888	40	9		1927
17	711 738	20,4	223 710	25,2	488 028	18,9	11 804	12 175	7 123	4 603	1 666	2 937	41	9		1928
19	840 804	21,3	269 870	25,2	570 934	19,9	13 240	13 444	7 354	4 888	1 715	3 173	43	9		1929
19	684 355	21,0	201 450	25,2	482 905	19,6	9 698	9 554	6 586	4 726	1 721	3 500	53	11		1930
26	438 986	18,9	141 800	22,3	297 186	17,7	6 061	5 784	5 886	4 335	1 594	2 741	47	12		1931
30	307 442	15,7	85 570	16,5	221 872	15,5	3 932	3 810	5 561	4 264	1 410	2 854	51	15		1932
28	315 777	14,9	75 870	14,1	239 907	15,2	5 247	5 047	5 557	4 253	1 280	2 973	53	15		1933
23	345 512	14,2	81 140	13,2	264 372	14,5	8 717	8 464	5 870	4 229	1 267	2 963	51	13		1934
20	429 006	14,5	86 310	13,1	342 696	15,0			5 975	4 409	1 292	3 117	52	11	ab März 1935 mit Saarland	1935
																1936
																1937
																1938
																1930
																1940

Quellen: Statische Jahrbücher des Deutschen Reiches — Jahresberichte des Reichskohlenverbandes.

tions- und absatztechnischen Vorgänge der Kohlenwirtschaft kommen in ihm zum Schnitt.

Welche Rolle die Kokereien bei der Lösung dieses Problems spielen können, sei an einem praktischen Beispiele gezeigt:

Als im Jahre 1930 die Wirtschaftskrise einsetzte, traf diese nicht alle Kohlensorten gleichzeitig und in gleichem Maße. Nußkohlen blieben, insbesondere im Export, noch gefragt, als für die bei ihrer Erzeugung zwangsläufig mit anfallenden Feinkohlensorten (in diesem Falle Fettfeinkohle) kein entsprechender Absatz mehr bestand, weil nämlich die Roheisenerzeugung, der Hauptkunde der Kokereien und damit indirekt der Hauptverbraucher von Fettfeinkohle, in diesem einen Jahre von 13,2 auf 9,7 Mio t herabstürzte. So entstand ein Feinkohlensortenproblem. Da die Fettfeinkohle in ihrer Urform nur beschränkt lagerfähig ist, mußte sie, wollte man die Absatzmöglichkeit in Nüssen nicht ungenutzt lassen, zu Koks verarbeitet werden. Daraus erklärt sich zum großen Teil der Zuwachs an Kokshalden im Jahre 1930, der auch aus der Abb. 38 deutlich zu erkennen ist. Er ist also in der Hauptsache ein Beispiel für die Hilfsstellung der Kokereien bei der Lösung des Sortenproblems: Die Kokshalden waren lagerfähig gemachte Feinkohle.

Da gerade im Jahre 1930 trotz der Krise der Ferngasabsatz der Ruhrgas ganz erheblich anstieg, war eine Zeitlang die Meinung verbreitet, der Koks sei um des Gases willen erzeugt worden. Daß dies aber nicht oder jedenfalls nicht in wesentlichem Maße der Fall war, folgt schon daraus, daß erstens die gleiche Haldenzunahme auch in den nicht ferngasabgebenden Revieren zu verzeichnen war, und daß sie sich zweitens nicht fortsetzte, als später im Ruhrgebiete die Ferngasabgabe noch viel stärker anstieg. Heute sind die Kokshalden beträchtlich geringer als nach 1930, obwohl der Ferngasabsatz mehr als doppelt so hoch liegt[1]).

Auch hier zeigt sich wieder, daß die Vorgänge der Kokereiwirtschaft nicht nach denen der Gaswirtschaft beurteilt werden dürfen. Kokshalden auf Gaswerken sind Begleiterscheinungen der Gaserzeugung, Kokshalden auf dem Bergbau betriebswirtschaftliche Symptome der Kohlen- und Eisenwirtschaft.

5. Die Preiskalkulation.

Wenn den Erörterungen über die Ferngasverbundwirtschaft eine so eingehende Untersuchung über die Entstehungsgeschichte und das Wesen des Kokereigases vorangestellt wurde, so vor allem deswegen, weil nur auf diese Weise Klarheit über die Preiskalkulation des Kokereigases geschaffen werden kann.

---

[1]) Die Kokshalden des Ruhrbergbaues sind inzwischen noch weiter geräumt worden.

Im Gegensatz zum Gaswerksgas, dessen Gestehungskosten sich, wie bei jedem Hauptprodukte, aus stofflichen, persönlichen, kapitalwirtschaftlichen und generellen Kosten und Unkosten zusammensetzen, hat das Zechengas als Beiprodukt lediglich den Wert, den es gerade zu erzielen vermag.

In den Anfängen der Kokereiwirtschaft, als man mit dem anfallenden Gas nichts anzufangen wußte, hatte es überhaupt keinen Wert. Es wurde abgefackelt. Mit der Zeit lernte man, wenigstens einen Teil des Gases besser zu verwerten. Aber selbst heute, wo man den hohen Nutzwert des Kokereigases längst erkannt hat, wird noch ein großer Teil desselben zur Unterfeuerung, zur Dampfkesselbeheizung u. dgl. verwendet oder abgefackelt. Ganz einfach deshalb, weil eine anderweitige »Verwertungsmöglichkeit« noch nicht besteht.

Das ist nicht nur volkswirtschaftlich abzulehnen, weil jede wertfremde Verwendung eines Produktes der Allgemeinheit schadet, auch die Wirtschaftlichkeit des Kohlenbergbaus wird dadurch beeinträchtigt. Für den Ersatz des Kesselgases stehen minderwertige oder schwer verkäufliche Brennstoffe, für den Ersatz des Unterfeuerungsgases außerdem noch Gichtgase und neuerdings auch die Restgase der Treibstoffgewinnungsanlagen zur Verfügung, so daß an allen diesen Stellen das Kokereigas ohne weiteres durch billigere Brennstoffe ersetzt werden kann. Bedenkt man, daß jede Milliarde m³ im Bergbau selbst verbrauchtes Gas den Absatzraum für schwer verkäufliche oder minderwertige Brennstoffe der genannten Art um einen entsprechenden Teil schmälert, so muß man es als ein begreifliches und volkswirtschaftlich durchaus vernünftiges Bemühen bezeichnen, wenn der Bergbau bestrebt ist, das Kokereigas auf den Markt zu bringen und sich dadurch gleichzeitig von schwer verkäuflichen Brennstoffen durch Eigenverbrauch wenigstens in gewissem Umfange zu entlasten. Ist doch der Eigenwärmeverbrauch des Bergbaus dessen nächstliegendster und anspruchlosester Kunde, dessen Heranziehung zur Lösung oder Milderung von Sortenproblemen jeder Art der natürlichste Weg ist.

Aus dieser Sachlage folgt aber gleichzeitig, daß es abwegig wäre, für die Wertbemessung des Kokereigases seinen Ersatz durch Vergasung hochwertiger Brennstoffe zugrundezulegen. Wenn beispielsweise in einer Berechnung als Brennstoff für die zum Ersatz des Unterfeuerungsgases dienenden Schwachgasgeneratoren ein Koks mit 25,— RM./t eingesetzt wird, während der wirkliche Koksdurchschnittserlös des Bergbaus weit unter 20,— RM./t liegt,[1] so trifft eine solche Kalkulation einfach nicht den Kern der Sache. Es ist schon viel damit gewonnen, wenn für den zum Ersatz des Unterfeuerungsgases dienenden Brennstoff wenigstens ein gesunder Durchschnittserlös erzielt wird, statt daß er verschleudert

---

[1] Vgl. Zahlentafel 9.

oder auf Halde genommen werden muß. Jedenfalls kann es nicht die Aufgabe der Ferngasversorgung sein, dem Bergbau Paradepreise für Generatorbrennstoffe zu verschaffen, was übrigens auch keineswegs mit der seitherigen Preispolitik des Bergbaus übereinstimmen würde.

Es wird wohl niemals gelingen, eine Berechnungsmethode zu finden, die den richtigen Preis des beispielsweise zum Ersatz des Unterfeuerungsgases dienenden Generatorbrennstoffes genau zu ermitteln gestattete. Es schneiden sich in diesem Problem die Bestrebungen, für den Ersatzbrennstoff einen guten Preis zu erzielen, mit den Möglichkeiten, einen hinreichenden Markt für das Gas zu finden. Beide Komponenten hängen vom Stande der Technik und der Lage des Marktes ab, sind also veränderlich. Nur mit einem gewissen Genauigkeitsspielraum läßt sich der Ersatzkostenwert des Unterfeuerungsgases ermitteln.

Gollmer (»Glückauf«, 1933) geht dabei in der Weise vor, daß er zunächst auf der Basis eines relativ hohen Kokspreises einen theoretischen Generatorgaspreis errechnet. Er fährt dann fort: »Nun besteht aber für den Ruhrbergbau, wie schon betont, ein sehr dringendes Sortenproblem, zu dessen Lösung die Schwachgasbeheizung durch Unterbringung und Umwandlung von schlecht oder gar nicht absetzbaren Sorten beitragen soll.« Aus dieser Überlegung errechnet er bei einem Starkgaspreise von 1,7 Pf./m³ einen Äquivalenzpreis für schwer verkäufliche Kokssorten von 16,28 RM. je t. Kellner (GWF 1933, S. 110) kommt sogar zu dem Ergebnisse, daß es mit Rücksicht auf Zins- und Lagerverluste immer noch zweckmäßiger sei, Koks zu einem Preise von 7,— bis 8,— RM./t an sich selbst zu verkaufen, als ihn auf Halde zu nehmen, eine Kalkulation, die natürlich nicht für jede Konjunktur gilt. Ein Äquivalenzpreis von 1,08 Pf./m³ ist das Ergebnis seiner Rechnung.

Für Gichtgas ist eine ähnliche Ersatzkostenrechnung nicht bekannt. Sie dürfte aber noch günstiger ausfallen als für Koks.

Im Gesamtdurchschnitt bietet ein Erlös in der Größenordnung von etwa 1,5 Pf./m³ die Möglichkeit, einen guten Preis für die zum Ersatz des Unterfeuerungsgases verwendeten festen Brennstoffe sicherzustellen.

Steigt bei guter Konjunktur die Nachfrage nach Koks und erhöht sich damit der Preis der geringeren Kokssorten, so bietet die mit wachsender Koksmenge zwangsläufig ebenfalls wachsende Gasüberschußmenge einen natürlichen Ausgleich für einen etwaigen Ausfall an überschüssigem Unterfeuerungsgas.

Sehr günstig liegen die Voraussetzungen für den Ersatz des Kesselgases durch feste Brennstoffe.

Schon 1929 gelangte der Enqueteausschuß (III. Unterausschuß, Bericht S. 55) auf Grund von in seinem Auftrage angestellten un-

parteiischen Berechnungen zu folgendem Ergebnisse: »Wenn den
Zechen nach Abzug der Kosten für Reinigung des Gases ein Rein-
erlös bleibt, der sich dem Preise von 1,5 Pf. für den m³ Gas auch
nur annähert, so würde eine Gasabgabe an Dritte und der Eigenverbrauch von Kohle den Zechen eine wesentliche Erlössteigerung
bringen.« Da das Preisniveau inzwischen erheblich gesunken, die
Kosten der Reinigung durch neuere Verfahren stark vermindert
worden sind, dürfte dieser Äquivalenzpreis heute auch einschließlich
der Reinigungskosten unter dem genannten Betrage liegen.

Insgesamt ergibt sich demnach, daß ein Durchschnittserlös für ge-
reinigtes Zechen- oder Hüttenkokereigas in der Größenordnung von
1,5 Pf./m³ dem Bergbau einen genügenden Anreiz bietet, um das selbst-
verbrauchte Starkgas (Unterfeuerungs- wie auch Kesselgas) in großem
Umfange abzugeben und statt dessen weniger edle Brennstoffe selbst zu
verwenden.

Diese Überlegungen dürften es auch gewesen sein, die letzten Endes
die Gaspreispolitik des Bergbaus bestimmt haben.

So führte Dr. Alfred Pott, der Vater des Ferngasgedankens,
auf der Essener Gastagung 1935 aus: »Sämtliche der Ruhrgas A.-G.
angeschlossenen Gaszechen sind durch Bereitstellungsverträge ver-
pflichtet, alles nicht selbst verbrauchte Gas der Ruhrgas zur Verfügung zu stellen, und zwar zu Preisen, die nach einem angemes-
senen Äquivalent für hochwertige Nußkohlen bestimmt werden.
Einen billigeren Preis für Gas gibt es nicht und kann es auch nicht
geben, denn es wäre auch vom allgemein volkswirtschaftlichen
Standpunkte aus betrachtet völlig unvernünftig, wenn der Bergbau
den edelsten Brennstoff, den er erzeugt, zu einem billigeren Preise
abgeben würde als die äquivalente Menge hochwertiger Kohle. Die-
selbe Überlegung zieht auch für die Preispolitik der Ruhrgas A.-G.
eine natürliche untere Grenze.«

Da die hier erwähnte Äquivalenzmenge hochwertiger Kohle so
bemessen ist, daß sich auch auf diesem Wege ein Gaspreis ab Zeche von
rd. 1,5 Pf./m³ ergibt, so besagt dies nichts anderes, als daß die Ruhrgas
durch einen einfachen Schlüssel ihre Preispolitik mit den volkswirtschaftlichen Grundlagen in Übereinstimmung gebracht hat.

6. Das »Bereitschaftsgas« und seine Mengen.

Ruft man sich die Bemühungen ins Gedächtnis zurück, die seit Jahrzehnten von den besten Köpfen des deutschen Gasfaches aufgewendet
worden sind, um den wirtschaftlichen und technischen Erfolg der örtlichen
Gaserzeugung zu verbessern, und bedenkt man, daß trotz aller dieser
Bemühungen der durchschnittliche Standard der Gaspreise nicht entscheidend gesenkt werden konnte, so muß man es als einen Glücks-

umstand betrachten, daß wir heute in Deutschland über Gasmengen verfügen, die zu niedrigsten Preisen an den Markt drängen.

Um diesen Zustand zu kennzeichnen, wird das Zechen- und Hütten-kokerei-Gas im folgenden als »Bereitschaftsgas« bezeichnet, wodurch — ebenso wie durch die sonst gebräuchlichen, aber mißverständlichen Ausdrücke »Überschußgas«, »Gasreserven« usw. — alle diejenigen Gasmengen zusammengefaßt sein sollen, die nach Vornahme wirtschaftlicher und technischer Umstellungen ohne weiteres für den Versand bereitgestellt werden können.

Es ist klar, daß von Bereitschaftsgas nur solange gesprochen werden kann, als es nicht nötig ist, zum Zwecke der Gaserzeugung neue Kokereianlagen zu erstellen. Unter diesem Gesichtspunkt kommt also auch der Frage, in welchen Mengen dieses Bereitschaftsgas zur Verfügung steht, eine erhebliche Bedeutung zu. Insbesondere kommt eine Nutzbarmachung des Bereitschaftsgases auch für entferntere Gebiete nur in Betracht, wenn hinreichende Mengen bereitstehen.

Einen guten Einblick in die Mengenfrage ergibt eine von Bergrat Dünbier (Oberbergamt Dortmund) für das Jahr 1934 im Ruhrgebiete angestellte Erhebung, deren Ergebnis in Abb. 39 wiedergegeben ist.

Der obere Teil der Abbildung zeigt die Kokereien, eingeschaltet zwischen den links ankommenden Kohlen- und den rechts abgehenden Koksstrom. Die Verkokung vollzieht sich in drei Typen von Kokereiöfen: den nur noch schwach vertretenen älteren Abhitzeöfen, den jüngeren Regenerativöfen und schließlich den zahlreichen modernen Verbundöfen.

Die bei dem Verkokungsprozeß anfallenden Nebenprodukte außer Gas sind hier der Übersicht halber zunächst ausgeschieden. Die als Beiprodukt anfallenden Gasmengen sind im unteren Teile der Abbildung zusammengefaßt und nach ihren Verwendungszwecken aufgeteilt:

Der gesamte Gasanfall betrug 1934 7,822 Mia m³ (zum Vergleich: gesamte deutsche Gaswerkserzeugung im gleichen Jahre rd. 3,0 Mia m³). Diese Menge unterteilt sich nach der Verwendung in zwei Gruppen: die Überschußgasmenge ($Üb$) und die Unterfeuerungs-gasmenge (U).

Die Unterfeuerungsgasmenge von insgesamt 3,383 Mia m³ zerfällt wiederum in drei Teile, von denen der größte noch zur Unter-feuerung der Verbundöfen, die beiden anderen zur Unterfeuerung der anderen Kokereisysteme dienen. — Die Überschußgasmenge von insgesamt 4,439 Mia m³ zerfällt in zwei Hauptgruppen, von denen die größere schon heute nach außen abgegeben wird, und zwar an Städte, industrielle Großabnehmer und Ferngasgesellschaften (Ruhrgas, Thyssen, VEW) sowie an Stickstoffwerke, während der andere noch im Eigenverbrauch verwendet wird, und zwar mit der Hauptmenge zur Kesselfeuerung, im übrigen für Gasmaschinen und sonstiges.

Das Bereitschaftsgas setzt sich aus den beiden durch Pfeile hervorgehobenen Verwendungsarten, nämlich dem Unterfeuerungsgas der Verbundkokereien (1,528 Mia m³) und dem Kesselgas (1,037 Mia m³) zusammen. Wird das erstere durch Schwachgasunterfeuerung (Gichtgas,

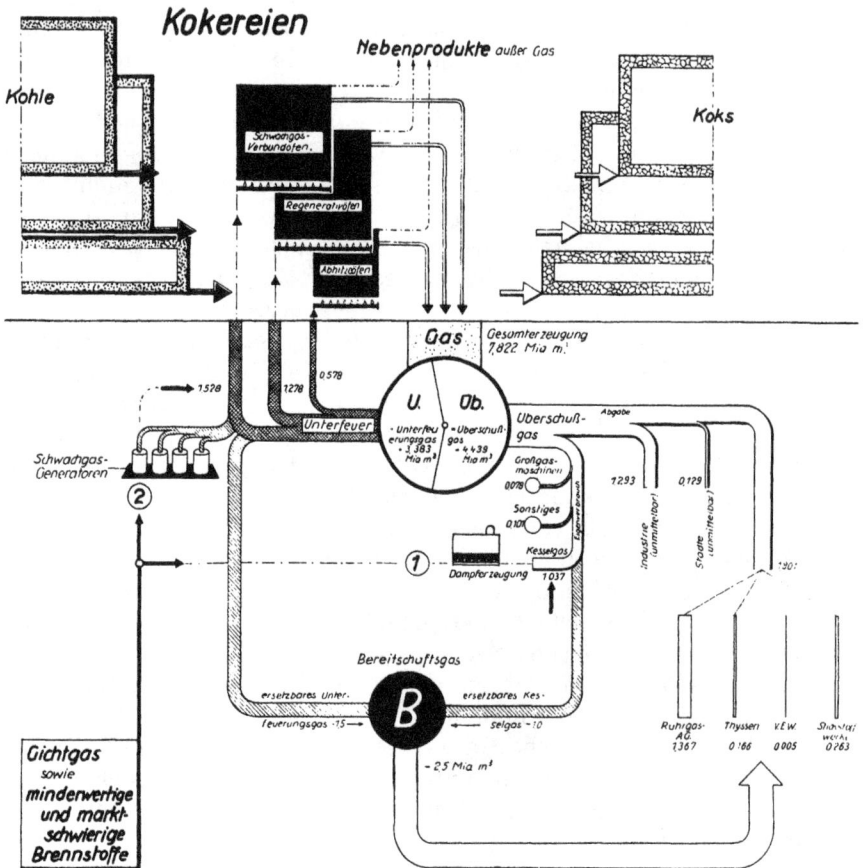

Abb. 39. Gasbilanz der Ruhrkokereien 1934.

Generatoren, Restgase der Treibstoffgewinnung), das zweite durch feste Brennstoffe ersetzt, wie dies in der Abbildung unter Ziffer (1) und (2) bildlich veranschaulicht ist, so beläuft sich die insgesamt verfügbare Menge des Bereitschaftsgases, also desjenigen Gases, für das die vorher angestellte Preiskalkulation gilt, auf rd. 2,5 Mia m³. D. h. rd. 2,5 Mia m³ hätten bei restloser Erfassung des Bereitschaftsgases im Jahre 1934 allein vom Ruhrgebiete mehr abgegeben werden können, wenn eine wertgerechte Absatzmöglichkeit für dieses Gas bestanden hätte.

Nun ist aber das Jahr 1934 noch durchaus kein Maximaljahr, sondern erst das zweite nach Überwindung des Tiefpunktes. Welche Gasmengen in den früheren Jahren erzeugt wurden, und wie diese sich auf die Hauptverwendungsgebiete verteilt haben, ist in Abb. 40 vom

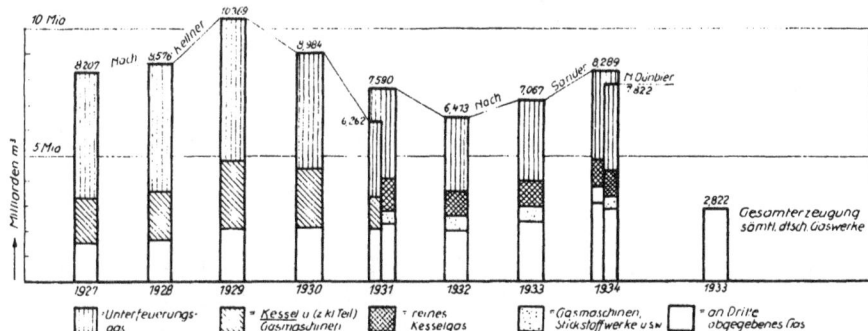

Abb. 40.   Kokereigaserzeugung im Ruhrgebiete 1927 bis 1934.

Jahre 1927 ab dargestellt. Das Bild ist zwar nicht ganz einheitlich, weil die verschiedenen ihm zugrundeliegenden Veröffentlichungen (Kellner, GWF 1933, S. 111, Sander, GWF 1935, S. 981, Dünbier) offenbar auf verschiedenen statistischen Unterlagen beruhen. Doch ist die Größenordnung der Gesamtmengen wie auch ihre zeitliche Bewegung deutlich zu erkennen. Bei Vollbelastung sämtlicher Ruhrkokereien schätzt Dünbier allein die dort verfügbaren Mengen Bereitschaftsgas auf 6,6 Mia m³, also mehr als doppelt so hoch wie die gesamte deutsche Gaswerkserzeugung.

Wie sich im Zusammenhang mit der steigenden Eisenkonjunktur schon seit 1934 der Beschäftigungsgrad der Ruhrkokereien wieder erhöht hat, zeigt Zahlentafel 10.

Zahlentafel 10.
Zunahme der in Betrieb befindlichen Koksöfen des Ruhrgebietes seit 1932[1])
(GWF 1936, S. 234.)

Jahr	Zahl der in Betrieb befindlichen Koksöfen	bezogen auf 1932 = 100 %
1932	6 759	100,00 %
1933	6 769	100,15 »
1934	7 650	113,18 »
1935	8 414	124,49 »
1936 (Februar)	9 262	137,03 »

Es ergibt sich, daß der Beschäftigungsgrad der Kokereien, gemessen an der Zahl betriebener Öfen, seit 1934 bereits wieder um 20% (seit 1932 sogar um 37%) gestiegen ist. Freilich sind auch die Gas-Abgabe-

---

[1]) Auch diese Bewegung hat sich inzwischen verstärkt fortgesetzt (siehe Dr. Ing. W. Reerink, Zeitschrift „Glückauf", 1937, S. 813/24).

mengen inzwischen weiter angestiegen, so daß die Gesamtmenge des verfügbaren Bereitschaftsgases gleich geblieben sein dürfte (siehe auch Roelen, »Gas« 1936, Nr. 5). Da aber auch im Saargebiet, im Wurm-revier und in anderen Kohlengebieten (Ober- und Niederschlesien usw.) insgesamt noch einige Hundert Mio m³ Bereitschaftsgas verfügbar sein dürften — genauere Statistiken hierüber gibt es leider noch nicht — so ist die Gesamtmenge des Bereitschaftsgases auch heute noch auf einen Betrag zu veranschlagen, der mehrere Milliarden m³ beträgt und damit

höher liegt als die gesamte deutsche Gaswerkserzeu-gung[1]).

Sowohl hinsichtlich des Preises wie auch hinsichtlich des Mengen-umfanges stellt also das Bereitschaftsgas des deutschen Bergbaus eine Bezugsquelle dar, die der Natur der Sache nach in der örtlichen Gas-erzeugung weder vorhanden sein noch geschaffen werden kann. Es ist daher verständlich, wenn der Gedanke aufgetaucht ist, der Bergbau plane, gestützt auf eine solche Grundlage, die gesamte örtliche Gas-erzeugung durch Ferngasbezug zu ersetzen. Der Rechenstift würde eine solche Radikalmaßnahme wahrscheinlich sogar rechtfertigen. Ob aller-dings der Bergbau in Wirklichkeit jemals so weitgehende Pläne gehabt hat, ist bestritten. Jedenfalls bietet schon die erste Veröffentlichung der A.-G. für Kohleverwertung, der späteren Ruhrgas A.-G., keinen Anhalt für derartige Absichten. Im Gegenteil heißt es auf S. 46 dieser Denkschrift:

»Die A.-G. für Kohleverwertung ist sich bewußt, daß letzten Endes die Gasfernversorgung im gemeinsamen Zusammen-wirken aller Bergbaureviere und aller Gaswerke durchgeführt wer-den muß, um alle Schwierigkeiten auszuschalten und allen Beteilig-ten, nicht zuletzt den Gasverbrauchern selbst, zum Vorteil zu ge-reichen. Sie verfolgt daher allen Bergbaurevieren und allen Gas-werken gegenüber eine Politik der offenen Tür und sieht es als ihre Hauptaufgabe an, diesen Fortschritt durch konzentrierte Initiative mit möglichster Beschleunigung zu verwirklichen.«

Diese Formulierung ist eine glatte Absage an den Gedanken der absoluten Ferngasversorgung und die Andeutung einer Wirtschafts-form, die heute auch vom Standpunkt der kommunalen Werke mehr und mehr als die zweckmäßigste Versorgungsart erkannt wird, einer Verbundwirtschaft zwischen dem Bereitschaftsgas des Bergbaus und der örtlichen Gasversorgung.

----

[1]) Seit Abschluß der vorliegenden Arbeit ist die Nachfrage nach Hüttenkoks im Rahmen des Vierjahresplanes (vermehrte Verhüttung inländischer Erze) derart gestiegen, daß neue Kokereien erstellt, vorhandene wieder in Betrieb genommen oder ausgebaut werden mußten. Dadurch wird sich die Menge des Bereitschafts-gases weiter erhöhen.

7. Grundsätzliches zur Frage der Ferngasverbundwirtschaft.

Vorweg sei klargestellt, daß es nur zwei Arten der Gestaltung des Verhältnisses von Bereitschaftsgas und örtlicher Gaserzeugung zueinander gibt: Eine regionale Abgrenzung oder eine Verbundwirtschaft.

Eine regionale Abgrenzung hat stets ihre gemeinwirtschaftlichen Bedenken. Sie errichtet vielleicht gerade dort ihre trennenden Schranken, wo die Wirtschaftsgesetze zum Ausgleich drängen, und ist daher eigentlich nur dort unschädlich, wo sich bereits ein optimaler Gleichgewichtszustand eingestellt hat. Dann aber ist sie überflüssig.

Zwischen Bereitschaftsgas und Gaswerksgas ist eine solche Art der Abgrenzung um so weniger am Platze, als von der Erreichung eines bestmöglichen Gleichgewichtszustandes zwischen den beiderseitigen Versorgungsquellen noch gar keine Rede sein kann. Durch das vor einem Jahrzehnt einsetzende stürmische Wachstum der westdeutschen Industriegasversorgung hat sich das Schwergewicht der gesamten deutschen Gaswirtschaft mengenmäßig völlig nach dem Westen verlagert. Auch strukturell bestehen tiefgreifende Unterschiede. Während dort achtmal soviel Industrie- als Kommunalgas abgegeben wird, liegt im übrigen Deutschland die Industriegasabgabe unter $\frac{1}{3}$ der Kommunalgasabgabe. Während im Ruhrgebiet, im Saargebiet usw. noch große Gasmengen zu untergeordneten Zwecken verwendet werden, müssen im übrigen Deutschland bedeutsame versorgungs-, siedlungs- und sicherheitstechnische Aufgaben ungelöst bleiben, weil es an den wirtschaftlichen Voraussetzungen für ihre Lösung fehlt. Eine Festlegung dieses Zustandes durch regionale Abgrenzung würde daher einer ungesunden Abriegelung eines großen Teiles unseres Volkes gegen die natürlichen Kraftquellen unserer Volkswirtschaft gleichkommen. Ganz abgesehen davon, daß sie auch mit den ausgesprochenen Zielen des Energiewirtschaftsgesetzes im Widerspruch stehen würde, das gerade die Förderung eines zweckmäßigen Ausgleiches durch Verbundwirtschaft bezweckt.

Die Verbundwirtschaft selbst kann wiederum auf zwei verschiedene Arten durchgeführt werden, die man etwa als Trennbetrieb und Mischbetrieb bezeichnen könnte.

Als Trennbetrieb wird hier der Fall bezeichnet, daß das Bereitschaftsgas sich seinen Absatz außerhalb des Rahmens der vorhandenen Gaswerksversorgung selber schafft, so daß die beiden Lieferquellen zwar räumlich verbunden, versorgungstechnisch aber getrennt arbeiten. Ein solcher Fall ist z. B. denkbar, wenn in einem Versorgungsgebiete ein größerer Industriegasbedarf besteht, dessen Befriedigung der örtlichen Erzeugung aus preis- und mengentechnischen Gründen bislang nicht möglich war, dessen Umfang aber groß genug ist, um die Heranführung einer Leitung für das Bereitschaftsgas zu ermöglichen. In diesem Falle wäre eine Verbundwirtschaft der Art denkbar, daß die örtlichen Werke weiterhin ihre

seitherige Abnehmerschaft versorgen, und nur die Deckung des industriellen Zusatzbedarfes dem Bereitschaftsgas überlassen.

Da die tragbaren Industriegaspreise sehr niedrig liegen, steht in diesem Falle nur eine verhältnismäßig geringe Spanne für die Abdeckung der Fernleitungskosten zur Verfügung, so daß diese Art der Verbundwirtschaft nur durchführbar ist, wenn die Kilometerbelastung der Leitungen hoch, d. h. also, die Entfernungen gering oder die Mengen groß sind. Im letzteren Falle erhält man jedoch enge Rohrleitungen und hohe Betriebsdrücke, was, wenn keine anderweitigen Möglichkeiten bestehen, u. U. für die weitere Entfaltung der Großraumwirtschaft hinderlich sein kann.

Dem Vorteil, daß die örtliche Erzeugung bei dieser Art der Versorgung ungestört bleibt, steht der Nachteil gegenüber, daß sie sich von den preis- und mengenmäßigen Vorzügen, die das Bereitschaftsgas bietet, selbst ausschließt, so daß den Gemeinden die Vorteile versagt bleiben, die der Industrie zugute kommen.

Anders beim Mischbetrieb. Wird von vornherein der gesamte Gasbedarf auf die beiden Lieferquellen aufgeteilt, so kommen bei dieser Form der Verbundwirtschaft die Vorzüge des Bereitschaftsgases nicht nur einer Abnehmerkategorie, sondern einem ganzen Wirtschaftsgebiete zugute. Die Durchführung dieser Versorgungsart setzt aber die Stilllegung eines Teiles der vorhandenen Erzeugung voraus. Denn man kann einen und denselben Bedarf nicht zweimal decken.

Die Verbundwirtschaft der letztgenannten Form ähnelt am meisten der Sammelerzeugung, als deren nächsthöhere Entwicklungsstufe sie angesprochen werden kann. Ihr Vorteil gegenüber der reinen Sammelerzeugung besteht darin, daß als wirtschaftliche Spanne auf der linken Seite der Bedingungsgleichung nicht nur die zwischen Erzeugerwerk und Erzeugerwerk, sondern die zwischen einem Überschußprodukt und einem Hauptprodukt steht, die allemal größer sein muß, als die erstere. Selbst wenn, wie bei der Sammelerzeugung, die Umschaltkosten so bemessen werden, daß kein Mann ohne Pension entlassen, keine Mark Werksvermögen ohne Entschädigung stillgelegt wird, muß sich zugunsten einer Ferngasverbundwirtschaft eine erheblich größere volkswirtschaftliche Spanne ergeben als bei irgendeiner Form der Sammelerzeugung.

Um jedoch einen tieferen Einblick in das Wesen und die Wirtschaftsgesetze einer Ferngasverbundwirtschaft der letzteren Art zu gewinnen ist es notwendig, sich dem konkreten Beispiel zuzuwenden. Es wird daher im folgenden Teil zugleich als Beispiel und als Vorschlag eine Form der Ferngasverbundwirtschaft herausgestellt, die geeignet ist, das Problem nicht nur in allen seinen Teilen zu durchleuchten, sondern gleichzeitig auch in seiner vollen Tragweite erkennbar zu machen, nämlich ein deutsches Gasringnetz.

VIII. Teil.

H. Ein deutsches Gasringnetz.

Bei dem großen Umfange der westdeutschen Gasüberschüsse und bei der weiträumigen Verteilung der 17 Großgaswerke über das Reich steht von vornherein fest, daß eine großzügige Gesamtlösung einer deutschen Ferngasverbundwirtschaft nicht durch örtlich begrenzte Teilplanung erreicht werden kann, sondern daß es für deren Planung nur eine einzige Grenze gibt, die Grenze des Deutschen Reiches.

Der Gedanke, die Gaswirtschaft ganz Deutschlands unter dem Gesichtswinkel einheitlicher Planung zu erfassen, ist nicht neu. Ein kurzer Rückblick auf frühere in dieser Richtung liegende Versuche möge zeigen, welche Vorarbeit hier schon geleistet ist und welche Lehren sich daraus ergeben.

1. Ältere Vorschläge zu einem deutschen Großgasnetze.

Der Gedanke eines großdeutschen Gasrohrnetzes ist schon in den Arbeiten von Starke (1924) angedeutet. Zwar wird hier noch kein Netzplan, aber eine Skizze (Abb. 41) wiedergegeben, aus der hervorgeht, wie sich der Verfasser die Verteilung des deutschen Gasversorgungsgebietes auf die Stein- und Braunkohlenbezirke gedacht hat.

Der erste, wenn auch skizzenhafte, Netzplan wurde dann mit der Denkschrift der A.-G. für Kohleverwertung (Ruhrgas) im Jahre 1927 veröffentlicht (Abb. 42). Der Plan entspricht dem bereits erwähnten Grundsatze der offenen Tür: Sämtliche wichtigen Stein- und Braunkohlengebiete sind in die Versorgung einbezogen.

Das Rückgrat des Netzes wird von drei Hauptsträngen gebildet:

1. einer Leitung ab Hamm über Hannover-Braunschweig-Magdeburg nach Berlin mit einem Abzweige nach den Hansestädten und Kiel,

2. einer Leitung ab Hamm über Kassel-Erfurt-Leipzig-Dresden nach Breslau und Oberschlesien-Waldenburg.

3. einer Leitung ab Hamborn über Köln nach Frankfurt a. M., von da einerseits nach Stuttgart, andererseits nach Würzburg-München.

7*

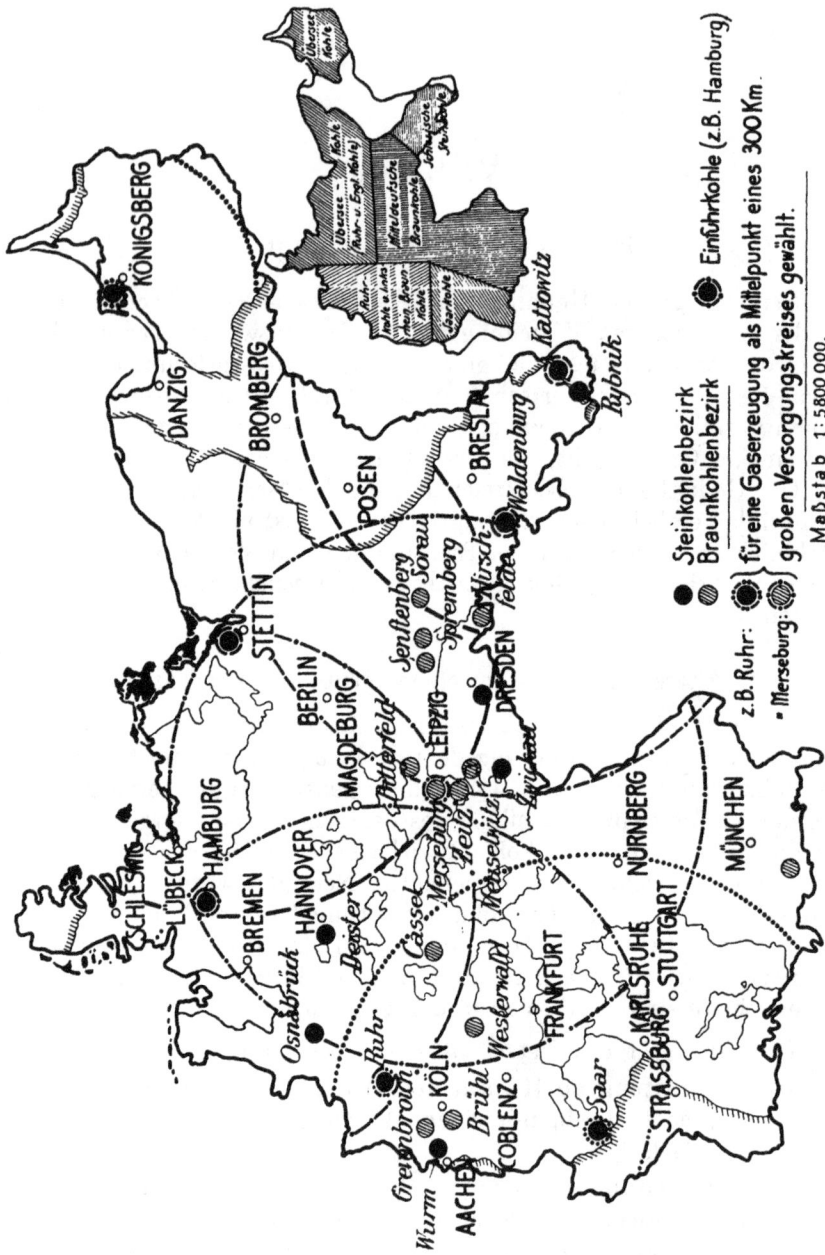

Abb. 41. Schema zur Großgasversorgung von Starke.

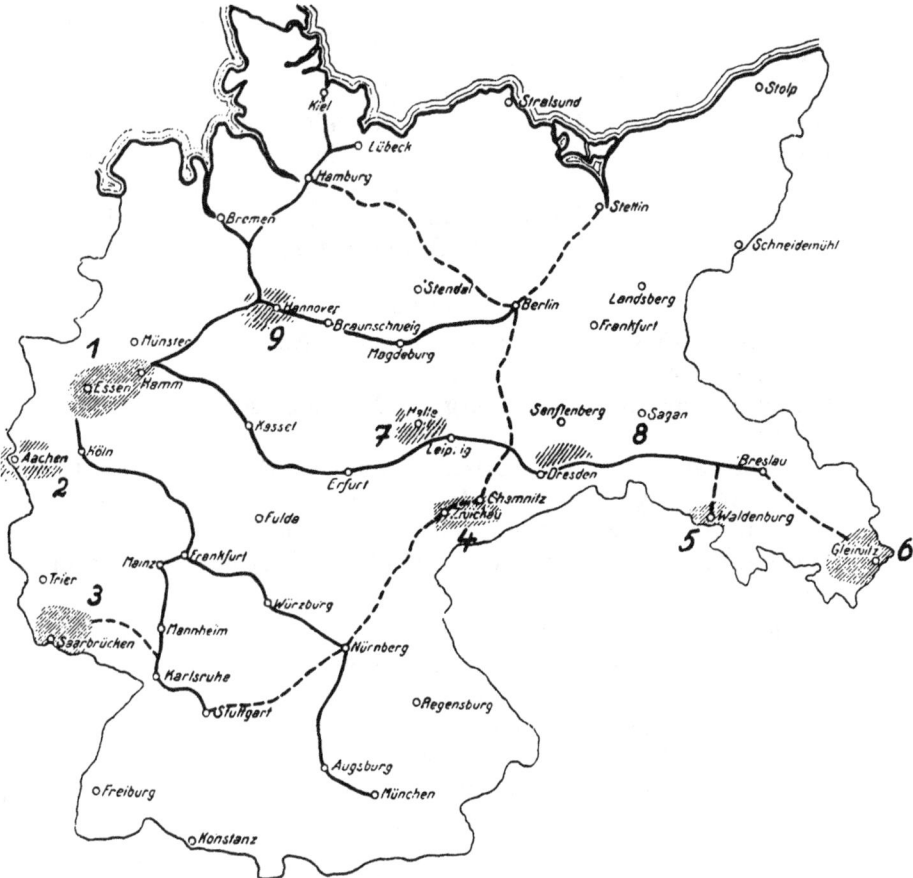

Abb. 42. Skizze eines deutschen Hauptgasverteilungsnetzes aus der Denkschrift „Deutsche Großgasversorgung" der Aktiengesellschaft für Kohleverwertung, Essen, Juni 1927.

1. Ruhr-Revier (Essen-Hamm)	
2. Aachener oder Wurmrevier	
3. Saar-Revier (Saarbrücken)	Steinkohle
4. Sächsisches Revier (Zwickau)	
5. Niederschlesisches Revier (Waldenburg)	
6. Deutschoberschlesisches Revier (Gleiwitz)	
7. Mitteldeutsches Braunkohlen-Revier (Magdeburg)	Braunkohle
8. Ostelbisches Braunkohlen-Revier	
9. Obernkirchen-Barsinghausen (Deister)	Steinkohle

Mit je einem Strahl sollte also das Rohrsystem nach Nord-,
Mittel- und Süddeutschland geführt werden.

Die drei Hauptstrahlen sollten dann später durch eine Leitung
vom Saargebiet über Nürnberg, Chemnitz, Berlin und Hamburg
ringförmig verbunden werden.

Ein etwas anderes Gesicht hatte der in der Denkschrift des
Deutschen Vereins von Gas- und Wasserfachmännern 1927 veröffent-

lichte und der Stellungnahme zur Ferngasfrage zugrunde gelegte Plan
(Abb. 43):

Die Zahl der Hauptstrahlen ist hier noch um einen vermehrt,
indem die zu den Hansestädten führende Leitung bereits vom
Ruhrgebiet ab selbständig verläuft. — Die Querverbindung Stutt-
gart-München erscheint schon im ersten Ausbau. Doch ist im übrigen
auch hier die große Ringverbindung erst für später vorgesehen. —
Hinzugefügt ist eine weitere Reserveleitung Ruhrgebiet-Siegen-
Frankfurt.

Oberschlesien ist nicht mit einbezogen, wohl aber wurden zahlreiche Ausläuferstrecken vorgesehen, so im Norden nach Wilhelms-
haven, Bremerhaven, Flensburg, Rostock, Stettin, im Süden nach
Freiburg i. Br. und Regensburg, in Mitteldeutschland nach einer
ganzen Reihe von Städten.

Insgesamt war nach diesem Plane der Anschluß von Gaswerken mit insgesamt rd. 2 Mia m³ Jahreserzeugung (1926) vorgesehen. Sämtliche Gaswerke sind als stillgelegt angenommen, die
Versorgung sollte zu $\frac{2}{3}$ ab Hamm, $\frac{1}{3}$ ab Hamborn erfolgen (absolute
Ferngasversorgung).

Wenn es sich auch in beiden Fällen nicht um durchkonstruierte
Pläne handelt, und auch die Skizzen teilweise bereits als überholt zu
betrachten sind, so ist es doch recht aufschlußreich, sie nach den früher
dargelegten Gesichtspunkten über die Gasversandkosten zu überprüfen.
Wegen der Ähnlichkeit beider Pläne genügt es jedoch, nur einen derselben näher zu betrachten, wofür sich wegen der weitgehenderen Durch-
arbeitung am besten der zuletzt besprochene (Abb. 43) eignet.

Erstmalig sind hier auch Kosten genannt: Die Gesamtkosten des
Rohrnetzes ohne die gestrichelten Reserveleitungen wurden auf 325 Mio
RM. geschätzt, woraus bei einer Kapitaldienstquote von 8% und der
angegebenen Durchsatzmenge eine Kubikmeterbelastung einschließlich
Kompressionskosten von 1,8 Pf. errechnet wird, eine Zahl, die sich durch
Hinzutritt der Reserveleitungen auf 2,1 Pf./m³ erhöhen soll.

Aus den gegebenen Daten ist leicht zu errechnen, daß der Kapitaldienst etwa 72% der gesamten Versandkosten ausmacht. Durch Vergleich
mit der Abb. 30 (S. 70) ergibt sich, daß im Durchschnitt mit mäßigen
Drücken gerechnet sein muß, mithin in der Leitungsbemessung noch
erhebliche Reserven stecken. Insoweit ist der Plan technisch in Ordnung, wenn auch die Versandkosten dadurch im Anfange reichlich hoch
erscheinen.

Ein grundsätzlicher Nachteil des Planes aber ist die verhältnismäßig niedrige durchschnittliche Kilometerbelastung.

Aus der Zeichnung läßt sich ablesen, daß die Gesamtlänge der für
sofortigen Ausbau eingezeichneten Rohrleitungen rd. 5000 km, die der

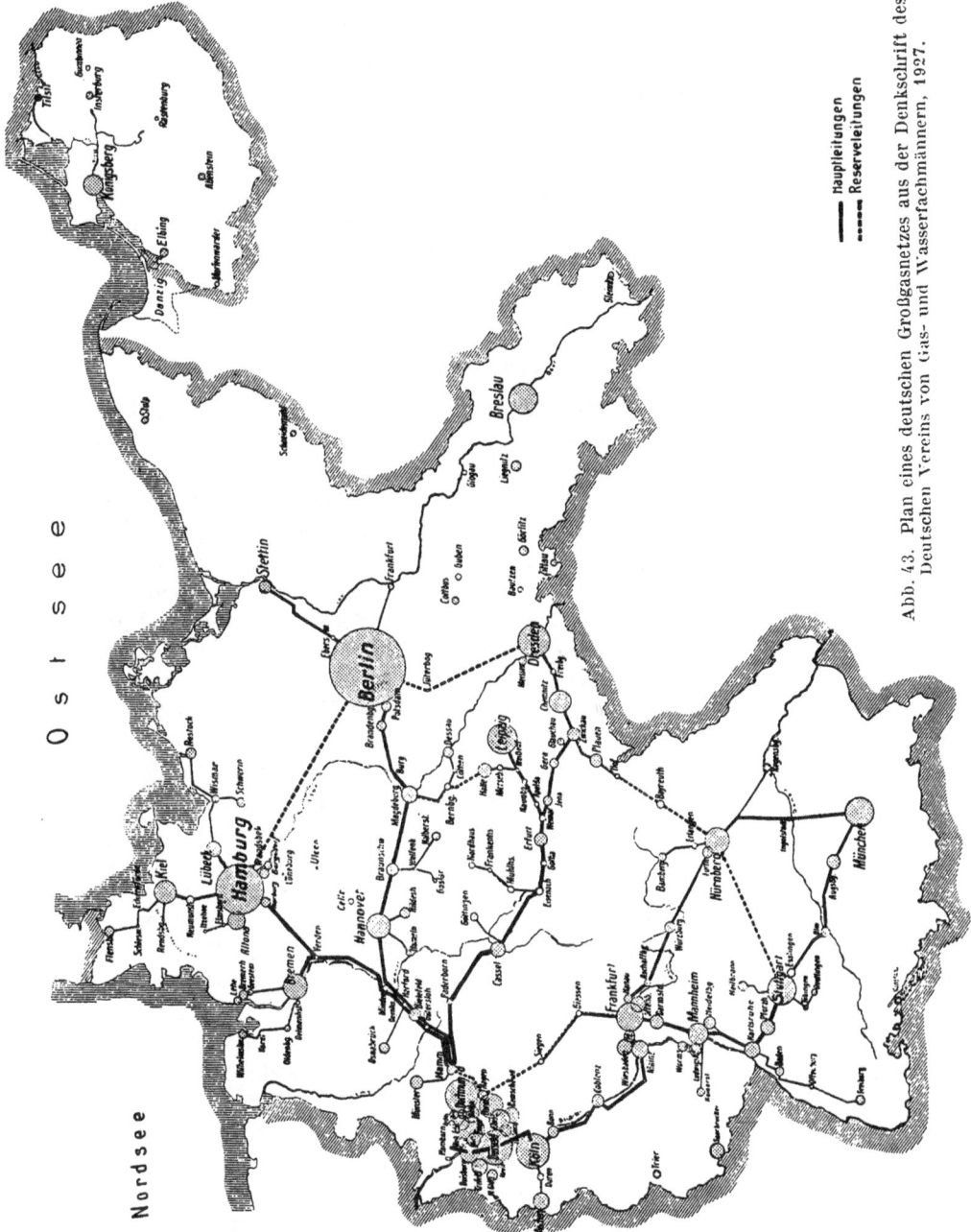

Abb. 43. Plan eines deutschen Großgasnetzes aus der Denkschrift des Deutschen Vereins von Gas- und Wasserfachmännern, 1927.

Reserveleitungen rd. 1200 km beträgt. Da letztere so gut wie keine Mengenvermehrung bringen, beträgt die durchschnittliche Kilometerbelastung:

2 Mia m³ : 5000 km = 0,40 Mio Jahres-m³/km o h n e Reserveleitungen
und 2 »   »   : 6200 » = 0,32 »   »   m i t   »   .

Obwohl hier also mit absoluter Ferngasversorgung, d. h. dem für die Leitungsbelastung günstigsten Falle, gerechnet ist, liegt die durchschnittliche Kilometerbelastung doch verhältnismäßig niedrig. Bei Einrechnung der Reserveleitungen nähert sie sich schon bedenklich den Grenzen des »gefährlichen Raumes« (siehe früher).

2. Der Grundgedanke des Ringplanes.

Diese Erkenntnis veranlaßte den Verfasser, nach einem Fernleitungssystem zu suchen, welches auch bei Verbundwirtschaft noch eine angemessene Kilometerbelastung ergibt, ohne daß auf den versorgungs- und sicherheitstechnischen Vorteil einer sofortigen ringförmigen Verbindung verzichtet zu werden brauchte.

Der ganz einfache Grundgedanke, durch den dieses Ziel erreicht werden kann, ist eine gegenüber den früheren Plänen gerade umgekehrte Reihenfolge des Netzausbaues: Statt erst strahlenförmige Hauptstränge zu bauen und diese dann später ringförmig zu verbinden, wird vorgeschlagen, von vornherein von der Erstellung eines großen Gasringnetzes auszugehen und die weitere Vermaschung dieses Netzes der zukünftigen Entwicklung zu überlassen.

Da es sich nicht vermeiden läßt, daß eine solche Ringleitung neben Gebieten mit hoch entwickelter Gasversorgung auch solche mit wenig oder gar nicht entwickelter Gasversorgung durchzieht — darin liegt auf der andern Seite auch wieder der siedlungspolitische Wert eines solchen Ringes —, mußte, um trotzdem eine gute durchschnittliche Kilometerbelastung zu erzielen, zunächst vor allem auf diejenigen Ausläuferstrecken verzichtet werden, die den Durchschnitt zu sehr belasten (z. B. Leitungen wie die von Karlsruhe nach Freiburg i. Br. und ähnliche mit sehr geringer Kilometerbelastung). Solche Ausläuferstrecken können immer noch nachgeholt werden, wenn erst ein breiteres und in sich wirtschaftlich gefestigtes Fundament für eine deutsche Gas-Großraumversorgung besteht. — Auf der andern Seite mußte das Netz so gestaltet werden, daß es auch als S t a m m r i n g für ein gesamtdeutsches Gasnetz verwendet werden kann. Ferner mußten diejenigen Gebiete, in denen die örtliche Ferngasversorgung schon am weitesten fortgeschritten und somit die Gefahr von Fehlinvestierungen am größten ist, möglichst von vornherein mit einbezogen werden. Vor allem aber mußte die Möglichkeit bestehen, nicht nur die großen Anfallszentren des Bereitschaftsgases im Westen, sondern

auch die Produktionszentren der mitteldeutschen und ostelbischen Braunkohle von vornherein zu erfassen.

Wie sich alle diese Gesichtspunkte miteinander vereinigen ließen, sei an Hand einer kurzen Beschreibung der Linienführung gezeigt.

3. Linienführung des deutschen Gasringnetzes (Abb. 44).

Ausgehend vom Ruhrgebiet als der größten deutschen Gaslieferquelle wird zunächst bis Hannover die bereits bestehende und reichlich bemessene Rohrleitung benutzt. Ab hier folgt die Linie den früheren Projekten bis kurz nördlich Magdeburg. Dort biegt sie nach Süden ab. Die neue Kokerei Magdeburg-Rothensee und die Stadt Magdeburg werden berührt. Bis Leipzig wird dann zunächst die bereits vorhandene 300 mm weite Leitung benutzt, die für den Anfang ausreicht. Südöstlich von Leipzig, etwa bei Chemnitz, stößt der Nord-Südstrang auf ein beinahe ost-westlich verlaufendes Teilstück, das von Dresden bis in die Gegend von Bamberg etwa parallel zum Erzgebirge verläuft.

Auf diese Weise wird also das große dreieckige sächsische Industriegebiet längs der Grundlinie und der Höhe etwa nach Art eines umgekehrten T von einem leistungsfähigen Rohrsystem durchzogen, das nicht nur eine weitgehende Anschlußmöglichkeit für die zahlreichen dortigen Gaswerke bietet, sondern auch die Einschaltung der mitteldeutschen und ostelbischen Braunkohle wie auch des Zwickauer Kohlenrevieres in einfachster Weise gestattet. Zudem läßt sich ein T-System ganz allgemein durch Ausnutzung der Dreieckswinkel leicht ringförmig ergänzen. Verglichen mit der in den früheren Plänen vorgesehenen und auch in einer späteren Arbeit über die Ferngasversorgung beibehaltenen diagonalen Durchquerung des gleichen Gebietes bringt die T-förmige Erschließung also mancherlei Vorteile.

Nördlich von Bamberg biegt die sächsische Basisleitung nach Süden um und verläuft mit einem Knick über Nürnberg südwestlich bis nach Stuttgart. Dies ist trotz der Einbeziehung von Nürnberg das schwächst belastete Stück der Leitung und würde es auch bleiben, wenn man statt der unmittelbaren Verbindung Nürnberg-Stuttgart den Umweg über München einschlagen würde, was als Alternativlösung in Betracht kommt.

Ab Stuttgart verläuft die Leitung in nahezu westlicher Richtung über Pforzheim nach Karlsruhe.

Ein großer Nord-Süd-Strang, der vom Ruhrgebiet bis Siegen wieder eine bestehende Leitung benutzt, von dort über Frankfurt nach Mannheim verläuft, hier den Anschluß an die bereits bis

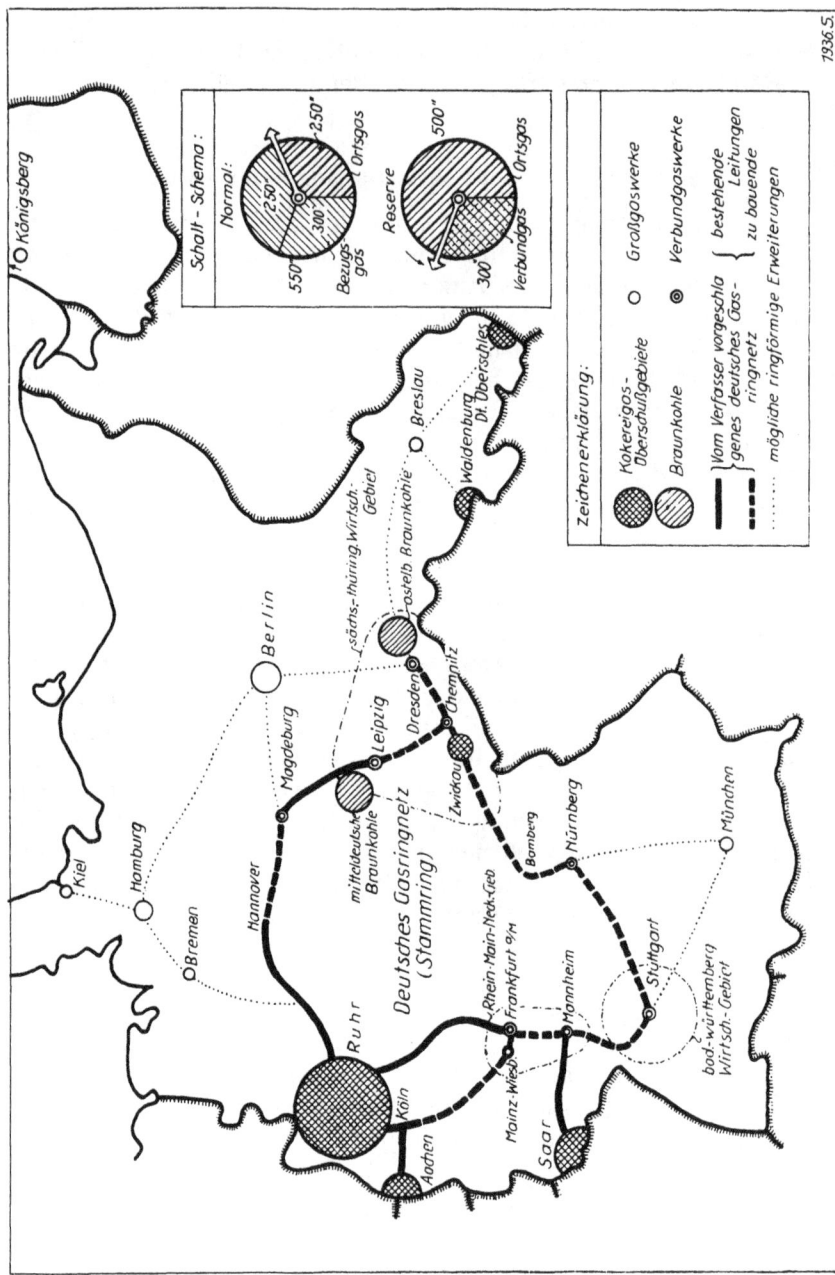

Abb. 44. Deutsches Gasringnetz. Stammring.

Ludwigshafen verlegte Saarleitung gewinnt und schließlich in Karlsruhe auf die seitherige Linie trifft, schließt das Ganze zu einem Ringsystem.

Der Ring verbindet also die großen westdeutschen Gasüberschußgebiete an Ruhr, Saar und Wurm und die mitteldeutschen Braunkohlenbezirke mit den wichtigsten südwestdeutschen und sächsisch-thüringischen Industriegebieten und erschließt dazwischen gleichzeitig weite Räume mehr landwirtschaftlichen Charakters. Vom Standpunkte einer gesunden Raumordnung bietet er also sonst kaum erreichbare Vorzüge und Möglichkeiten.

Er kann ferner in denkbar einfachster Weise mit den Hansestädten und Oberschlesien verbunden werden, während der Berliner Bezirk wiederum strahlen- oder ringförmig eingeschaltet werden kann. — Nicht erfaßt werden lediglich die landwirtschaftlichen Nordostgebiete sowie das durch den Korridor abgetrennte Ostpreußen. Von diesen wirtschaftlich oder technisch bedingten Ausnahmen abgesehen, kann der hiervor skizzierte Stammring aber ohne weiteres zu einem Netze ausgebaut werden, das sämtliche Kohlengebiete, sämtliche Großgaswerke und sämtliche Versorgungsbezirke Deutschlands umfaßt.

4. Verbesserte Kilometerbelastung.

Ein einfacher Vergleich mit den älteren Plänen zeigt, daß sich die Kilometerbelastung des Ringplanes schon durch die Art der Linienführung und durch die Beschränkung des Umfanges des Erstausbaues wesentlich verbessert hat. Neu zu bauen sind nämlich nicht mehr 5000 bis 6000, sondern nur noch 1200 km Hauptleitungen einschließlich einiger kurzer Stichleitungen I. Ordnung. Die Länge dieser Leitungen ist also nicht größer als die der Reserveleitungen der früheren Pläne allein. Die Gesamterzeugung der von der Leitung berührten oder durch Stichleitungen wirtschaftlich anschließbaren Gaswerke beträgt rd. 800 Mio m^3. Es würde sich hier also — zu Vergleichszwecken wieder absolute Ferngasversorgung vorausgesetzt — eine durchschnittliche Kilometerbelastung von 0,67 Mio Jahres-m^3/km gegenüber 0,40 bis 0,32 Mio Jahres-m^3/km bei den früheren Plänen ergeben. Durch den einfachen Kunstgriff der Umkehrung der Reihenfolge des Netzausbaues unter gleichzeitigem Verzicht auf schwach belastete Ausläuferstrecken ist also die Kilometerbelastung mit Durchführung des Ringprinzips ganz erheblich günstiger geworden als früher ohne dieses.

Praktisch wird jedoch die Kilometerbelastung dadurch vermindert, daß hier keine absolute Ferngasversorgung, sondern eine Verbundwirtschaft zur Anwendung kommen soll. Wie sich hierdurch die Kilometerbelastung ändert, hängt von der Art des Verbundbetriebes ab.

5. Art des Verbundbetriebes.

Um zunächst einen Überblick über die Möglichkeiten der Zusammenarbeit von örtlicher Erzeugung und Ferngasbezug zu geben, ist in Abb. 45
in ganz großen Zügen und unter bewußtem Verzicht auf Feinheiten eine
schematische Darstellung aller Betriebsarten von Gaswerken und Kokereien entworfen. Die Darstellung gestattet es gleichzeitig, die gesamten seither angeschnittenen Betriebsformen von Gaswerken und
Kokereien rückwärts noch einmal zusammenfassend zu überschauen.

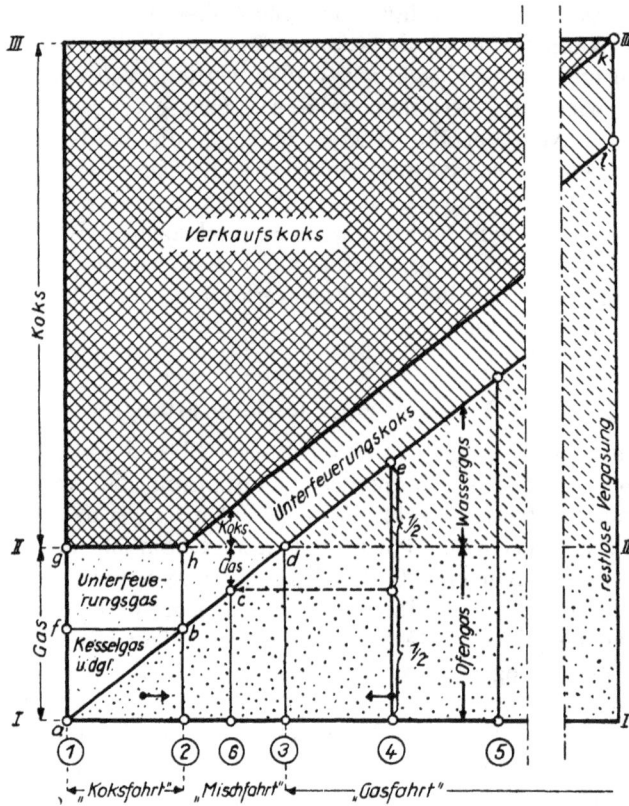

Abb. 45. Schematische Übersicht über die möglichen Betriebsweisen von Gaswerken
und Kokereien.

Strecke *I—III* stellt die Summe der aus der t Kohle bei
normaler Hochtemperaturvergasung (1000 bis 1200° C) gewinnbaren
Gas- und Kokskalorien, unterteilt in die Gaskalorien (*I—II*) und
die Kokskalorien (*II—III*), dar. Der zwischen den Linien g—h—k
und *I—b—l* liegende Streifen veranschaulicht den Unterfeuerungs-
verbrauch, der, soweit er unter der Linie *II—II* liegt, durch

Starkgas, soweit er oberhalb derselben liegt, durch aus Koks her-
gestelltes Schwachgas gedeckt wird. Die im Winkel zwischen den
Linien d—l und d—II liegenden Koksmengen werden zur Wasser-
gasherstellung benutzt. Zum Verkaufe stehen also insgesamt zur
Verfügung: an Koksmengen die zwischen den Linien g—h—k und
III—III, an Gasmengen die zwischen den Linien a—b—l und I—I
gelegenen. (Die durch das Dreieck a—b—f umschlossenen Gasmengen finden zur Kesselheizung usw. Verwendung.)

Die wichtigsten Betriebsarten sind durch entsprechende Ziffern
gekennzeichnet:

1. Äußerster Grenzfall des Kokereibetriebes. — Das gesamte Starkgas wird im Eigenbetriebe für Unterfeuerung (f—g) oder für
Dampferzeugung usw. (a—f) verbraucht oder abgefackelt.

   Nach dieser Betriebsweise arbeiteten zahlreiche Kokereien,
   beispielsweise des Ruhrgebietes, vor Gründung der Ruhrgas A.-G.

2. Das gesamte »Überschußgas« (siehe S. 94) wird bereits nach
außen abgegeben und nur noch das Unterfeuerungsgas (b—h) im
Eigenbetriebe verwendet. Die abgegebene Gasmenge beträgt rd.
170 m³/t Einsatzkohle.

   Im Ruhrgebiete liegt ein Teil der Kokereien mit seiner Betriebsweise bereits rechts dieser Ordinate, indem er teilweise schon
   mit Schwachgas unterfeuert, ein Teil links, indem er noch Gas
   zur Kesselheizung verwendet.

3. Die gesamte Unterfeuerungswärme wird bereits durch Koks gedeckt. Das Ofengas steht unvermindert zur Abgabe zur Verfügung. Die Verkaufskoksmenge hat sich um den Unterfeuerungs-
koks — sofern nicht andere Brennstoffe zur Unterfeuerung benutzt werden — verringert.

4. Es wird nicht nur die gesamte Unterfeuerungswärme durch Koks
gedeckt, ein Teil des Kokses wird außerdem noch in Form von
Wassergas dem Ofengas zugesetzt (siehe auch Zahlentafel 8,
S. 85). Die Verkaufsgasmenge je t Einsatzkohle beträgt ungefähr
450 m³, die Verkaufskoksmenge um 500 kg (Normalbetrieb der
Gaswerke).

5. Der Wassergaszusatz wird noch weiter erhöht. Es ist ein heiz-
wertsteigernder Zusatz nötig: das Wassergas wird karburiert. Auf
diese Weise kann man schließlich den gesamten Koks in Gasform
überführen. Gasausbeuten von 1000 m³/t und mehr sind erreichbar (Czakó, GWF 1932, S. 478). Nur müssen mit steigendem
Wassergaszusatz auch die besseren Kokssorten zur Wassergaserzeugung herangezogen werden und auch der Karburierungsteer
ist verhältnismäßig teuer, seine Verwendung zur Wassergaskar-
burierung zudem vom Standpunkte der nationalen Treibstoffwirtschaft aus unerwünscht. Auch ohne Karburierung kann man zwar

den Koks restlos in Gas überführen (»restlose Vergasung«), jedoch dann auf Kosten des Gasheizwertes. Insgesamt haben sich aus diesen und ähnlichen Gründen die weiter rechts von 4 aus gelegenen kokszehrenden Betriebsarten nicht in größerem Umfange einzuführen vermocht, was auch aus der bei 465 m³/t Einsatzkohle liegenden Durchschnittsgasausbeute der deutschen Gaswerke hervorgeht.

Im Großen gesehen sind also drei Gruppen von Betriebsarten zu unterscheiden:

die »Koksfahrt« (zwischen 1 und 2),
die »Mischfahrt« (zwischen 2 und 3) und
die »Gasfahrt« (zwischen 3 und 5).

Wie schon dargelegt, hat nun der Bergbau, der durch die Eigenart seines Erzeugungsbetriebes zwangsläufig stets mit erheblichen Mengen billiger Brennstoffe gesegnet ist, das natürliche Bestreben, diese durch Beheizung der Koksöfen oder durch Verfeuerung unter Kesseln usw. möglichst im Eigenverbrauch zu verwerten und dafür das Kessel- oder Unterfeuerungsstarkgas nach außen abzugeben. Im Sinne der Abb. 45 gesprochen, besteht hier also eine von links nach rechts gerichtete Tendenz. Umgekehrt ist bei den Gaswerken, die als alleinstehende Anlagen über keinerlei Abfallenergie aus Kuppelbetrieben verfügen, teilweise das Bestreben zu beobachten, durch verminderte Wassergaserzeugung und verminderte Heranziehung des Kokses zur Unterfeuerung ihren Kokshandel auszudehnen, indem sie sich mit ihrer Betriebsweise gleichsam von rechts nach links bewegen. So ist also von zwei verschiedenen Richtungen her die Tendenz auf die Mischfahrt gerichtet.

Während aber auf den modernen Kokereien die technischen wie auch die marktwirtschaftlichen Voraussetzungen für die skizzierte Bewegung gegeben sind, trifft dies für die gegenläufige Bewegung der Gaswerke nur teilweise zu. Erstens sind nur wenige Gaswerke mit den zur Starkgasunterfeuerung geeigneten Öfen und technischen Einrichtungen versehen, so daß eine vollkommene Umstellung aller Gaswerke auf Mischfahrt ganz erhebliche Kapitalien erfordern würde (ohne übrigens die vordringlichsten versorgungs- und sicherheitstechnischen Probleme auch nur einen Schritt ihrer Lösung näherzubringen). Zum andern wird durch die Mischfahrt auch die Marktempfindlichkeit der Gaspreise wesentlich erhöht, weil mit jeder Ausweitung des Koksgeschäftes auch das marktwirtschaftliche Risiko je m³ Gas (siehe Abb. 13) erheblich ansteigt. Aus beiden Gründen kann eine Umstellung der Gaswerke auf Mischfahrt nur unter bestimmten Voraussetzungen und in bestimmtem Umfange erfolgen.

Die Verbundwirtschaft bietet nun die Möglichkeit, die Bestrebungen der Gaswerke und Kokereien in geradezu idealer Weise zum Ausgleich

zu bringen. Statt die derzeitige Erzeugungsmenge in der Weise aufzu-
teilen, daß der stillgelegte Teil durch Fernbezug ersetzt, die übrige örtliche
Erzeugung neben dem Ferngase nach der seitherigen Betriebsweise wei-
tergeführt wird, kann ein viel harmonischeres Verhältnis dadurch herbeigeführt werden, daß der bestehen bleibende Teil der örtlichen Erzeugung
die ihm durch die neue Wirtschaftsform gebotenen betriebs- und marktwirtschaftlichen Erleichtungen dazu benutzt, um den bisher schwierigen
Übergang von der Gas- auf die Mischfahrt nunmehr zu vollziehen.

Da die bautechnischen und betriebswirtschaftlichen Voraussetzungen
für die Mischfahrt in erster Linie auf Großgaswerken bestehen oder
geschaffen werden können, ist es das Gegebene, diese auf Mischfahrt um-
zustellen und die kleinen und mittleren Werke in Verteilungsstützpunkte
für Ferngas umzuwandeln.

Auf diesen Überlegungen beruhen die folgenden Berechnungen.

Unter den von der Gasringleitung erfaßten 800 Mio m³ Eigenerzeugung befinden sich folgende 9 von den in Zahlentafel 1 aufgeführten
17 Großgaswerken:

Magdeburg . . . . mit rd.	45 Mio m³/Jahr		
Leipzig . . . . » »	56 » » »
Dresden . . . . » »	70 » » »
Chemnitz . . . . » »	35 » » »
Nürnberg . . . . » »	45 » » »
Stuttgart . . . . » »	76 » » »
Mannheim . . . . » »	35 » » »
Frankfurt a. M. . . . . » »	90 » » »
Mainz-Wiesbaden . . . . » »	35 » » »
zusammen etwa	487 Mio m³/Jahr
oder, abgerundet,	**500** » » »

Darnach würden also rd. $^5/_8$ der heutigen Erzeugung des von der
Ringleitung erfaßten Versorgungsgebietes auf Mischfahrt umgestellt
werden.

Wird hierfür die Betriebsweise 6 (Abb. 45) gewählt, so geht die seitherige Verkaufsgasmenge der 9 Großgaswerke auf die Hälfte, von 500
auf 250 Mio m³, zurück (unverminderten Kohlendurchsatz vorausgesetzt), und die gesamte in das Ringnetz einzuspeisende Gasmenge
beträgt 300 + 250 = **550 Mio** m³/Jahr.

6. Die Betriebssicherheit.

Der hohe Anteil der Großgaswerke an der Bedarfsdeckung, dem wir
auch innerhalb des Ringversorgungsgebietes wieder begegnen, zeigt, daß
der für das ganze Reich beobachtete bedenklich hohe Anteil verhältnismäßig weniger, isolierter Großerzeugungsstätten an der Gasversorgung

auch für den durch das Ringprojekt erfaßten Herzteil der deutschen Wirtschaft gilt. Auch hier ist $^5/_8$ der Erzeugung auf verhältnismäßig wenige Werke konzentriert, ohne daß Reserve-Verbindungen bestehen.

Diese bedenkliche Sachlage wird schon durch das Ringleitungsprinzip mit einem Schlage grundlegend geändert. Die großen Gasüberschüsse an Ruhr, Saar und Wurm, die sächsische Steinkohle und die mitteldeutsche Braunkohle, kurz die bedeutsamsten Rohstoffgebiete der deutschen Gasversorgung, werden mit den leistungsfähigsten Großgaswerken zu einer einzigen großen Liefer- und Reservegemeinschaft zusammengeschlossen. Wo immer ein Werk ausfällt oder ein Leitungsabschnitt zerstört wird, stets können durch einfache Umschaltung benachbarte Lieferquellen zur Reserve herangezogen werden. Und zwar nicht nur von einer, sondern stets von zwei verschiedenen Richtungen, indem man einfach die Strömungsrichtung innerhalb der Ringleitung wechselt.

Die Rohrleitungen selbst sind, da unterirdisch verlegt, verhältnismäßig sehr betriebssicher, besonders im Vergleich zu den weithin sichtbaren elektrischen Hochspannungsleitungen. Da sie zudem bekanntlich mit Meldekabeln ausgestattet werden, können Unterbrechungen leicht festgestellt und in wenigen Stunden beseitigt werden. Auch die laufende Überwachung wird durch diese Kabel sehr erleichtert, und die ringförmige Gestalt des Netzes sowie die große Zahl der Einspeisepunkte trägt auch ihrerseits zur Erleichterung des Überwachungsdienstes bei.

Dazu kommt die zusätzliche Erhöhung der Betriebssicherheit durch die Umschaltbarkeit der Versorgungsquellen.

Die vorhin geschilderte Umschaltung des Betriebes der Großgaswerke von der heutigen Betriebsweise auf Mischfahrt ist nämlich jederzeit umkehrbar. D. h. es kann auf Wunsch jederzeit innerhalb weniger Stunden eine Rückkehr zur Gasfahrt und damit eine Verdoppelung der Gasmenge herbeigeführt werden (Abb. 44, Rand). Ja, darüber hinaus kann, wenn es sich um einen Reservefall handelt und die Betriebskosten demnach keine wesentliche Rolle spielen, auch nach Betriebsart 5 der Abb. 46 mit karburiertem Wassergas oder ähnlichen Erzeugungsverfahren ins Netz gearbeitet werden, wodurch die Gasmenge noch über das heutige Maß hinauswächst und, gemeinsam mit Netzbehältern und Ortsbehältern, in der Lage ist, auch den Bedarf der kleineren und mittleren Verteilungsstützpunkte zu befriedigen, sofern die normale Lieferquelle ausfällt.

Wird also ein örtliches Großgaswerk betriebsunfähig, so kann die Versorgung durch Gaszufuhr von zwei Richtungen aus der Ringleitung aufrechterhalten werden. Wird die Ringleitung an einer Stelle zerstört, so kann die Lieferung aus der entgegengesetzten Richtung verstärkt werden, sei es durch Umschaltung eines Großgaswerkes auf Gasfahrt, sei es durch verstärkte Zechengaslieferung. Wird die Ringleitung an

zwei Stellen gleichzeitig zerstört, so wird oder werden die dazwischen-
liegenden Großgaswerke auf Gasfahrt umgestellt und, wenn nötig, auch
Generatoren eingeschaltet, bis die Störungsstellen wiederhergestellt sind.
Werden außerdem die Zweigleitungen noch ringförmig zusammengeschlossen und an zwei Stellen mit dem Hauptringsystem verbunden —
was in vielen Fällen ohne großen Mehraufwand sofort, in anderen mit
der Zeit möglich ist —, so gibt es keinen Punkt innerhalb des gesamten
Versorgungssystems, für den nicht mindestens eine Reservelieferquelle
bereitstünde. Und für sämtliche wichtigeren Versorgungspunkte besteht
sogar mehrfache Sicherheit.

Es ist praktisch unmöglich, für die deutsche Gasversorgung durch
irgendwelche Maßnahmen einen höheren oder auch nur gleich hohen
Grad von Betriebssicherheit zu erreichen, als er durch die hier vorgeschlagene Betriebsform einem großen Kernstücke Deutschlands von vornherein geboten wird.

Ist aber dieser Sicherheitsgrad schon zu Beginn erreichbar, wieviel
leichter dann bei der weiteren Entwicklung, die mit jeder Gewinnsteige-
rung automatisch auch die Mittel zum Ausbau weiterer Sicherheitsmaß-
nahmen abwirft.

7. Der »offene Hahn« in Stadt und Land.

Aber nicht nur in sicherheitstechnischer, auch in betriebswirtschaft-
licher Hinsicht sind die Vorteile einer solchen Ferngasverbundwirtschaft
von einschneidender Bedeutung.

Die Hauptursache, weshalb sich der Industriegasabsatz auf der
Grundlage der seitherigen Einzelwirtschaft bei weitem nicht so hat entfalten können, wie es in den westdeutschen Großgasversorgungsgebieten
möglich war, liegt abgesehen von der Preis- in der Mengenfrage. Wenn der
Bedarf eines einzigen Industrieunternehmens größer ist als der einer ganzen
Stadt — und solche Fälle sind im Westen keine Seltenheit —, so wird
das betreffende Einzelwerk unmöglich das Risiko der Belieferung eines
solchen Werkes, noch dazu mit niedrigsten Preisen, auf sich nehmen
können. Und selbst wenn sich der Industriegasverbrauch aus mehreren
Abnehmern zusammensetzt, insgesamt aber die Höhe des sonstigen Ab-
satzes erreicht oder überschreitet, ist das hiermit für das Werk verbundene Risiko konjunktureller Art meist so erheblich, daß es sich
kaum entschließen wird, eine solche Erweiterung seines Kundenkreises
noch dazu durch billigste Preise zu erkaufen. Wächst doch gleichzeitig
mit der Gasabgabe auch der Koksanfall, wodurch auch marktwirtschaft-
lich zusätzliche Risiken entstehen.

Grundsätzlich anders liegen die Dinge, wenn die örtliche Erzeugung
oder der Verteilungsstützpunkt die Möglichkeit hat, jederzeit auf größte
Lieferreserven zurückzugreifen. Das ist aber bei der Ferngasverbund-

wirtschaft der hier skizzierten Art der Fall. Unabhängig davon, welcher Lieferant den Mehrbedarf befriedigen wird, besteht für alle Fälle die Sicherheit, daß aus der Ringleitung jederzeit durch einfaches Öffnen eines Hahnes etwaige Fehlmengen entnommen werden können.

Dieser Vorteil des sog. »offenen Hahnes« bedeutet einen Wendepunkt in der gesamten Gasabsatzpolitik. Erst durch den offenen Hahn wird es möglich, den Blick von den Produktionsproblemen loszulösen und den eigentlichen Versorgungsaufgaben restlos zuzuwenden. Eine wirklich abnehmerorientierte Tarifpolitik kann erst auf dieser Grundlage aufgebaut werden.

Der besondere Vorteil eines Ringsystems besteht zudem darin, daß der offene Hahn nicht nur den großen Städten, sondern allen an das Netz angeschlossenen Abnehmern geboten wird, bis herab zum kleinsten Verteilungsstützpunkt. Selbst Gebiete, die seither überhaupt keine Gasversorgung hatten, erhalten durch diese das Herz Deutschlands umschließende Ringleitung mit einem Schlage eine Versorgungsgrundlage, die derjenigen der westdeutschen Kohlenreviere fast ebenbürtig ist. Eine gesunde Dezentralisierung wird hierdurch gefördert. Bauer und Industriearbeiter werden einander angenähert und die Sicherheit weiter erhöht. Denn je dezentralisierter die gewerbliche Erzeugung, um so unangreifbarer ist auch sie.

Da der Gesamtbedarf an Bereitschaftsgas innerhalb des Gasringnetzes nur 550 Mio m³ beträgt, insgesamt aber schon allein in den Steinkohlenrevieren die vielfache Menge bereitsteht, ist der offene Hahn auch produktionsseitig auf Jahre hinaus voll gesichert.

8. Die Wirtschaftlichkeit.

Die sicherheitstechnischen und betriebswirtschaftlichen Vorteile der geschilderten Verbundwirtschaft sind so einschneidend, daß sie erhebliche Opfer in der Anlaufszeit rechtfertigen würden. Doch kann voraussichtlich erreicht werden, daß sich selbst dieses große Ringnetz von vornherein selber trägt.

Ähnlich wie bei der Sammelerzeugung soll auch diese Frage nicht durch Vergleich irgendwelcher Ferngasbezugspreise mit irgendwelchen Gaswerksselbstkosten, sondern durch Heranziehung der früher eingehend untersuchten allgemeinen Gesetzmäßigkeiten geklärt werden.

1. Was zunächst die Unkosten des Gasversandes betrifft, so zeigt eine einfache Rechnung, daß die Kilometerbelastung bei der vorgeschlagenen Betriebsweise auch bei Verbundbetrieb nicht in den gefährlichen Raum absinkt. Verteilt man die insgesamt in die Ringleitung einzuspeisende Gasmenge von 550 Mio m³ auf eine Rohrleitungslänge von 1200 km, so ergibt sich eine durchschnittliche Kilometerbelastung von rd. 0,46 Mio Jahres-m³/km. Trotz Anwendung des Verbund- wie auch des

Ringleitungsprinzips liegt also die durchschnittliche Kilometerbelastung wesentlich höher als nach den älteren Projekten bei Verzicht auf diese beiden Vorteile. Die durchschnittlichen Versandkosten innerhalb der Ringleitung müssen also mit Sicherheit unterhalb 1,5 bis 1 Pf./m³ liegen.

2. Die volkswirtschaftlichen Aufwendungen für den Gasversand müssen durch die volkswirtschaftlichen Gewinne der neuen Versorgungsart aufgewogen oder übertroffen werden, wenn keine Anlaufskosten entstehen sollen.

Am einfachsten sind die Gewinne zu überblicken, die durch die Umwandlung der ³/₈ des heutigen Bedarfes deckenden Klein-und Mittelgaswerke in Verteilungsstützpunkte für Bereitschaftsgas entstehen.

Schon bei den Untersuchungen über die Sammelerzeugung hatte sich ergeben, daß zwischen jener Form der Großraumwirtschaft und der Einzelerzeugung in Klein- und Mittelgaswerken Ersparnismöglichkeiten personal-, stoff- und kapitalwirtschaftlicher Art lagen, die selbst nach Abzug der Umschaltkosten noch mehrere Pfennig je m³ betrugen. Da aber die Sammelerzeugung nur eine Verminderung der drei Kostenpositionen herbeiführen konnte, das als Beiprodukt anfallende Bereitschaftsgas aber überhaupt keine Personal- und Kapitalkosten zu tragen hat, so muß die Spanne hier noch viel größer sein. Den mit verhältnismäßig hohen durchschnittlichen Betriebs- und Kapitalkosten belasteten Werken steht das billigste Gas gegenüber, über das die deutsche Volkswirtschaft überhaupt verfügt.

Von dieser Spanne sind lediglich die zusätzlichen Kosten für den Anschluß dieser Werke an die Ringleitung abzuziehen. Diese Kosten sind jedoch verhältnismäßig gering, weil in die Berechnung nur solche Werke einbezogen sind, die, soweit sie nicht unmittelbar im Ring liegen, doch nicht zu weit von ihm entfernt sind. Alles andere bleibt für die Abdeckung der Anteilskosten an der Ringleitung und darüber hinaus zur Erzielung von Reingewinnen übrig.

Während also die Zusammenfassung der Klein- und Mittelgaswerke zu einer Sammelerzeugung wirtschaftlich kaum mehr Vorteile bringen konnte, sicherheitstechnisch sogar Bedenken hervorrufen mußte, bekommt diese Frage durch die Eingliederung in eine ringförmige Verbundwirtschaft ein ganz anderes Gesicht. Sowohl in sicherheitstechnischer wie auch in wirtschaftlicher Hinsicht werden Vorteile erreicht, die selbst einen einschneidenden Wandel der Gasbeschaffungsart voll und ganz rechtfertigen.

3. Die Wirkung der neuen Versorgungsart auf die mit ⁵/₈ an der Bedarfsdeckung beteiligten Großgaswerke besteht einerseits darin, daß sie auf Mischfahrt übergehen können, zum andern darin, daß sie billiges Bereitschaftsgas erhalten.

Der Übergang zur Mischfahrt hat zwar zunächst die Folge, daß die Betriebs- und Kapitalkosten je m³ verkauftes Gas sich erhöhen, weil der

Kohlendurchsatz, von dem die Generalien in erster Linie abhängen, unverändert bleibt, während die abgegebene Gasmenge sich erheblich vermindert.

Demgegenüber werden aber sowohl durch die Mischfahrt an sich wie auch durch die Eingliederung in das Großraumnetz Vorteile erreicht, die einen großen Teil dieser Erhöhung wieder rückgängig machen.

Die Mischfahrt, die wie gesagt bei isolierter Erzeugung in diesem Umfange unmöglich wäre, gestattet es den Großgaswerken, ihren Koksabsatz je t Kohle auszudehnen, zumal mit den Kleingaswerken auch das Angebot minder guter Kokssorten vom Markte verschwindet und dadurch ein wertgerechter Absatz besserer Kokssorten aus Großgaswerken erleichtert wird.

Darüber hinaus verschafft aber die Eingliederung in das Großraumnetz den Großgaswerken alle diejenigen Vorteile, die schon bei der Untersuchung der Sammelerzeugung eingehend klargestellt wurden: Durch Vergleichmäßigung der Belastungskurve (»Ungleichzeitigkeitsfaktor«) wird die kapitalmäßige Beanspruchung vermindert. Die einzelne Anlage kann leichter und billiger dem Bedarfszuwachs und dem technischen Fortschritt angepaßt werden als die isolierte Einzelanlage, sie kann ihre Ausbaustufen günstiger einrichten u. a. m.

Schon durch den Vorteil des verbesserten Koksmarktes und des verminderten Kapitaldienstes wird der Nachteil einer spezifischen Erhöhung der Generalien durch die Mischfahrt zum großen Teile wieder wettgemacht.

Dazu kommt als weiterer und entscheidender Vorteil das billige Bereitschaftsgas, das ab Kokerei zu einem Preise zur Verfügung steht, den auch das größte Großgaswerk nicht erreichen kann, weil er eben auf einer für dieses nicht zutreffenden Beiproduktenkalkulation beruht. Mittelt man diesen Ab-Werk-Preis des Bereitschaftsgases mit den Gestehungskosten des nach der vorbeschriebenen Weise in Mischfahrt innerhalb eines Großraumnetzes erzeugten Gases der Großgaswerke, so erhält man einen Durchschnittspreis, der wohl in allen Fällen um mehr als 1,5 Pf./m³ unter den seitherigen Durchschnitts-Gestehungskosten der Großgaswerke liegt.

Wenn sich aber die gesamten 500 Mio m³, die heute in den Großgaswerken erzeugt werden, durch die Verbundwirtschaft um 1,5 Pf./m³ verbilligen, so sind damit allein schon die Kosten des Gasversandes für den gesamten Plan annähernd bezahlt. Der viel höhere Kubikmeter-Gewinn, der bei den Klein- und Mittelgaswerken erzielt wird, steht dann schon als Rechnungsreserve zur Verfügung.

Die Wirtschaftlichkeit der Ringleitung ist also unschwer nachzuweisen. Es ist nicht nötig, die verdoppelte Betriebssicherheit und die gewaltig verbreiterte Versorgungsbasis, die das Ringsystem bietet, durch finanzielle Opfer zu erkaufen. Es trägt sich durch die ihm innewohnende volkswirtschaftliche Richtigkeit von vornherein selber.

Absichtlich wurde davon abgesehen, bei diesen Untersuchungen Eigenerzeugungs- oder Ferngasbezugspreise zu nennen. Das hätte dem rein volkswirtschaftlichen Charakter der vorliegenden Arbeit widersprochen. Es genügte, den möglichen gemeinwirtschaftlichen Nutzen nachzuweisen.

Nach welchem Schlüssel dieser Nutzen auf die einzelnen beteiligten Gruppen verteilt wird, gehört nicht mehr zum Gegenstande dieser Arbeit. Praktisch wird dabei auch die Frage eine Rolle spielen, ob das Risiko des Fernleitungsbaues, wie seither, allein vom Bergbau getragen, oder nach irgendeinem Schlüssel auf die beteiligten Gruppen umgelegt wird, in welch letzterem Falle mit der Risiko- auch die Gewinnverteilung eine andere sein müßte. Diese und ähnliche Fragen sind in einem Teilgebiete des Ringsystems bereits nach allen Richtungen durchforscht worden, ohne daß hier näher darauf eingegangen werden soll.

Die Wirtschaftlichkeit des deutschen Gasringnetzes wird sich mit steigender Entwicklung des Gasabsatzes im dem Maße vebessern, in dem weiterhin Bereitschaftsgas zur Deckung des Mehrbedarfes herangezogen wird. Während die Sammelerzeugung am Ende ihrer Entwicklung stehend befunden wurde, bedeutet die Ferngasverbundwirtschaft der hier geschilderten Art den Beginn ganz neuer Entwicklungsmöglichkeiten: Das Bereitschaftsgas kommt gerade zur rechten Zeit, um der gesamten deutschen Gasversorgung über einen Totpunkt ihrer Entwicklung hinwegzuhelfen.

Ist allerdings dieser Totpunkt überwunden, und nimmt der Gasabsatz auch im Ring-Gebiet den gleichen steilen Anstieg wie im Westen, so ist der Zeitpunkt abzusehen, wo das gesamte Bereitschaftsgas ausverkauft ist und neue, u. U. erheblich kostspieligere Mittel zur Deckung des Bedarfszuwachses eingesetzt werden müssen. Ein Umstand, auf den eine kluge und weitsichtige Tarifpolitik schon heute Rücksicht zu nehmen hat. Aber diese Überlegungen, sowie die Festlegung technischer und organisatorischer Einzelheiten, wie insbesondere auch der zweckmäßigsten Schlüsselung des vorhandenen Bedarfes auf die verschiedenen Liefergruppen, aber auch die Fragen des Durchführungstempos mit Rücksicht auf soziale und andere Gesichtspunkte, das alles bedarf noch reiflicher Überlegungen und Berechnungen.

Soviel geht aber auch schon aus den allgemeinen Untersuchungen hervor, daß die Durchführung eines Ringplanes der hier skizzierten Art nicht nur wirtschaftlich sondern auch sicherheitstechnisch, nicht nur für den heutigen Gasbedarf, sondern auch für die großen Zukunftsgebiete der Gasversorgung in Gewerbe und Industrie, einen gewaltigen Fortschritt bedeuten würde.

Als Nebenvorteil erwächst den angeschlossenen Städten noch die Möglichkeit, das Gas an verschiedenen Punkten aus dem Ringnetz zu entnehmen, ihr örtliches Verteilungsnetz also mehrfach aufzuspeisen und dadurch seine Leistungsfähigkeit u. U. auf ein Vielfaches zu er-

höhen. Das eingangs geschilderte Ineinandergreifen von Nah- und Fernversorgung trägt also auch für die örtlichen Gasverteilungsnetze seine Früchte.

Alle Mängel der heutigen deutschen Gasversorgung, wie die Zerrissenheit in zahlreiche Kleingaswerke, die Isoliertheit der Großgaswerke, die Zusammenhanglosigkeit der Fernleitungen, die Unausgeglichenheit der Größenstruktur, die Ungleichheit der Versorgungsdichte, die ungesunden Tarifunterschiede, die Begrenztheit der örtlichen Erzeugungsmengen und die starke Abhängigkeit vom Koksmarkte, kurz alles, was einer großzügigen Aufwärtsentwicklung der deutschen Gasversorgung bisher hindernd im Wege stand, wird durch den vorgeschlagenen Plan mit einem Schlage beseitigt.

Dabei sind für die Durchführung dieses Planes nicht einmal außergewöhnlich hohe Mittel erforderlich. Ohne hier näher auf diesen Punkt einzugehen, kann doch soviel gesagt werden, daß die Anlagekosten der Ringleitung mit allem Zubehör sicherlich nicht höher liegen, als die Kosten der rd. 4000 km örtlicher Fernversorgungen, die bereits seither gebaut worden sind. Vergleicht man den volkswirtschaftlichen Nutzeffekt beider Aufwendungen, so wird erst recht deutlich, wieviel mehr durch eine konzentrierte und planmäßige Rohrnetzgestaltung erreicht werden kann als durch zersplitterte Einzelinvestierung. Die bereits eingangs hervorgehobene Notwendigkeit einer gesamtdeutschen Netzplanung wird auch von dieser Seite aufs deutlichste beleuchtet.

Das Arbeitsvolumen der Großgaswerke bleibt erhalten, in den in Verteilungsstützpunkte umzuwandelnden Klein- und Mittelgaswerken wächst mit der verbesserten Versorgung neue Arbeitsmöglichkeit heran und die Erstellung der deutschen Ringleitung ist eine Arbeitsbeschaffungsmaßnahme größten Stiles, die zudem den Vorteil hat, sich von vornherein selbst zu tragen.

Von welcher Seite man den Ringplan also auch betrachtet, es wird kaum eine Lösung des Großraumproblems in der deutschen Gasversorgung geben, die allen Anforderungen in gleicher Weise derartig gerecht wird, wie das hier skizzierte Projekt, und es gibt für den deutschen Gaswirtschaftler wohl kaum eine Aufgabe, an der mitzuarbeiten dem deutschen Gasfache soviel Nutzen brächte, wie diese.

Damit könnten die Untersuchungen über die Großraumwirtschaft in der deutschen Gasversorgung abgeschlossen werden, nachdem ihre Grundlagen geklärt und ein einwandfreier Weg zu ihrer Durchführung gezeigt ist. Da sich aber erfreulicherweise auch in der Gaswirtschaft immer mehr die Auffassung von der deutschen Energiewirtschaft als einer großen Wirtschaftsgemeinschaft durchsetzt, sollen auch diese Untersuchungen nicht abgeschlossen werden, ohne zu prüfen, wie sich der vorgeschlagene Plan in den gesamten Rahmen der deutschen Energiewirtschaft einfügt.

IX. Teil.

I. Ferngasverbundwirtschaft im Rahmen der gesamten deutschen Energiewirtschaft.

1. Schaltbild der deutschen Energieversorgung.

Wiederholt ist in letzter Zeit in fachlichen Veröffentlichungen auf den Zusammenhang zwischen den einzelnen Rohstoffen, Edelenergien und Veredlungsverfahren hingewiesen worden. Es fehlte aber bislang an einer Darstellung, die die mannigfachen Verkettungen zwischen den einzelnen Erzeugungs-, Veredlungs- und Bedarfsstellen der deutschen Energiewirtschaft mit einem Blicke zu übersehen gestattete. Diese Lücke soll durch das in Abb. 46[1]) wiedergegebene Schaltbild der deutschen Energiewirtschaft geschlossen werden.

Leider gestatten die vorhandenen statistischen Unterlagen nicht, bei dieser Darstellung eine absolute Genauigkeit zu erreichen. Immerhin wird ein guter größenordnungsmäßiger Überblick gewonnen, und es lassen sich nicht nur die bestehenden, sondern auch die durch die Ferngasverbundwirtschaft neu zu schaffenden Verbindungswege zwischen den einzelnen Faktoren übersichtlich darstellen.

Am unteren Rande der Zeichnung wurde zunächst die Jahreserzeugung sämtlicher deutscher Energiequellen, am oberen der gesamte Energiebedarf aufgetragen, und zwar so, daß der binnenländische Absatz dem Bedarfe gleichgesetzt wurde. (Die Vorratswirtschaft kommt in der Darstellung also nicht zum Ausdruck, Transport- und Wirkungsgradverluste sind als in den Bedarfsmengen eingeschlossen zu betrachten.) Die Unterteilung der Flächenstreifen ist nach dem Heizwert — also nicht nach dem Gewicht — erfolgt, was insbesondere bei dem Verhältnis Steinkohle zu Braunkohle in die Erscheinung tritt (Umrechnung nach dem Kohlenwirtschaftsgesetz). Die Wege zwischen den verschiedenen Stellen sind durch Pfeillinien angedeutet, deren Länge jedoch, wie von elektrischen Schaltbildern her bekannt, nichts über die tatsächliche Transportentfernung aussagt.

Energiequellen. Unter den Energiequellen steht die Steinkohle heizwertmäßig an erster Stelle, doch hat sich neben ihr auch die Braun-

---

[1]) Die Abb. 46 befindet sich hinter S. 132. Es wird empfohlen, sie während der Lektüre der Seiten 119—133 aufgeklappt zu lassen.

kohle ein immer größeres Feld erobert, während Holz, Torf, Wasserkraft und Erdöl erst in großem Abstande folgen.

Die Steinkohle gelangt hauptsächlich in zwei Formen in den
Verbrauch: als nicht oder nur mechanisch aufbereitete Kohle verschiedenster Sorte sowie als Koks. Das Größenverhältnis beider
Produkte ist durch die beiden entsprechend bezeichneten Kreise
angedeutet. Die schon früher hervorgehobene große Bedeutung
der Kokereiwirtschaft für den deutschen Bergbau tritt auch hier
wieder deutlich hervor: $\frac{1}{4}$ bis $\frac{1}{3}$ der deutschen Kohlenerzeugung
wird in den Kokereien zu Koks verarbeitet. — Demgegenüber ist
die zu Steinkohlenbriketts verarbeitete Kohlenmenge verhältnismäßig gering. Auch die in Gas- und Elektrizitätswerken verarbei-
teten Kohlenmengen treten gegenüber dem Kokereibedarf weit
zurück.

Wie die Steinkohle, so gelangt auch die Braunkohle vornehm-
lich in zwei Formen zum Verbrauch: als Brikett und als Rohbraunkohle, nur daß die Brikettierung bei der Braunkohle eine
weit größere Rolle spielt als bei der Steinkohle. Wird doch die
Braunkohle erst durch die Brikettierung überhaupt auf größere
Strecken transportfähig. Die Rohbraunkohle wird fast ausschließlich in der Nachbarschaft der Braunkohlenwerke verarbeitet, so vor
allem zur elektrischen Stromerzeugung, aber auch für die chemische,
Zucker-, Textil-, Papier- und Zellstoffindustrie, Kali- und Salz-
werke und Salinen. — Verhältnismäßig gering war bis vor kurzem
noch die verschwelte Braunkohlenmenge, doch dürfte die Gründung
der Braunkohlenpflichtgemeinschaften hier manches geändert haben.
Gaswirtschaftlich hat sich das Schwelkraftwerk bisher als wenig
bedeutsam erwiesen, da nennenswerte Gasüberschüsse gemäß
Abb. 47 nicht freibleiben.

Holz und Torf gelangen mit der Hauptmenge roh oder nur
mechanisch aufbereitet in den Verbrauch, Wasserkraft zu etwa
$\frac{1}{4}$ im Rohzustande (Mühlen), $\frac{3}{4}$ als Elektrizität, Öl in verschiedenen
noch zu besprechenden Arten.

Edelenergien. Auf diesen in großen Zügen geschilderten
Energiequellen baut sich die Energieveredlung auf, die in der Hauptsache drei Gruppen von Edelenergien umfaßt: gasförmige,
flüssige und elektrische. Die Erzeugung dieser Edelenergien
erfolgt zum größeren Teil in vom Verbraucher getrennten Zentral-
anlagen (Gaswerken, Kokereien, Elektrizitätswerken und Erzeugungsstätten flüssiger Brennstoffe), zum geringeren in Eigenanlagen
des Verbrauchers (Werksgeneratoren, Eigenstromanlagen, von denen
letztere allerdings in der Elektrizitätswirtschaft etwa den gleichen
Raum einnehmen wie die öffentliche Versorgung).

Die nicht vom Abnehmer selbst hergestellten Edelenergien sind zu den drei in Mittelhöhe der Abbildung 46 erkennbaren Kreisen zusammengezogen. Um anzudeuten, daß bei der Bewirtschaftung des

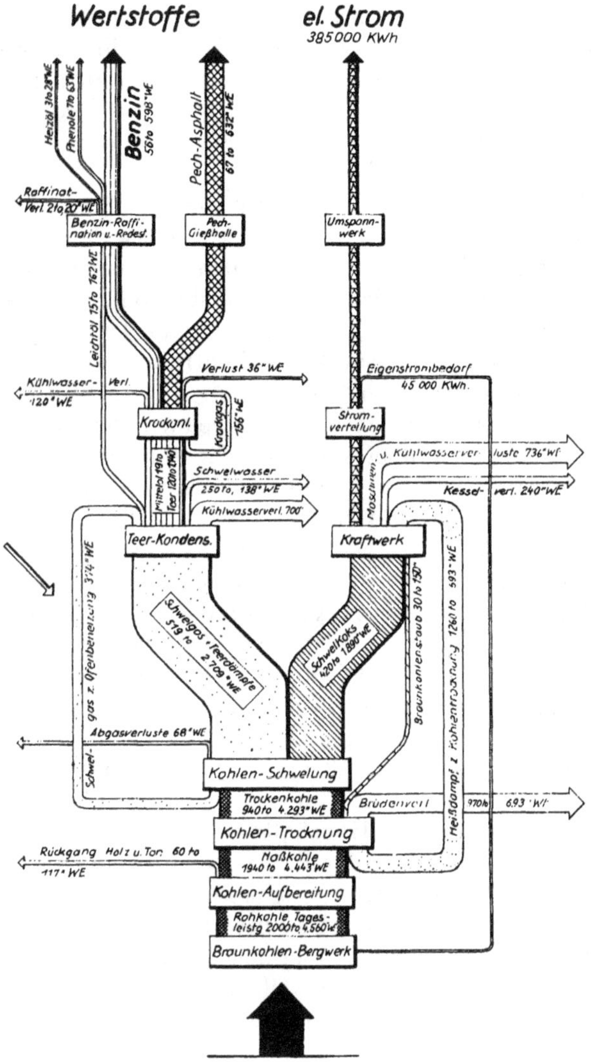

Wertstoffe

el. Strom
385000 KWh

Heizöl 310 28"WE
Phenole 110 63"WE

Benzin 561o 598"WE

Pech-Asphalt 67 to 632"WE

Raffinat-
Verl. 21o 20"WE

Benzin-Raffi-
nation u.-Redest.

Pech-
Gießhalle

Umspann-
werk

Leichtöl 15to 162"WE

Kühlwasser-
120"WE   Verl.

Verlust 36"WE

Eigenstrombedarf
45 000 KWh.

Krackanl.

Krackgas
156"WE

Strom-
verteilung

Mittelöl 19to
Teer 120to DW

Schwelwasser
250to, 138"WE

Kühlwasserverl. 700°

u. Kühlwasserver luste 736"WE

Kessel verl. 240"WE

Gas z. Ofenbeheizung 314"WE

Teer-Kondens.

Kraftwerk

Schwelgas + Teerdämpfe
519 to 2709"WE

Schwelkoks
420to 1889"WE

Maschinen

Abgasverluste 68"WE

Schwel

Braunkohlenstaub 30 to 150"

Braunkohlentrocknung 1261to 593"WE

Heizdampf z. Kohlentrocknung

Kohlen-Schwelung

Trockenkohle
940to 4293"WE

Brüdenverl.   970th   693 "WE

Kohlen-Trocknung

Rückgang Holz u. Ton 60 to
117"WE

Naßkohle
1940to 4443"WE

Kohlen-Aufbereitung

Rohkohle Tages-
leistg 2000to 4560"WE

Braunkohlen-Bergwerk

Abb. 47. Wärmeflußdiagramm eines Braunkohlenschwelkraftwerkes
(Umgezeichnet nach Petereit „Öl und Kohle" 1934, S. 206).

Stromes wie auch der flüssigen Brennstoffe bereits eine gewisse technische oder marktwirtschaftliche Verbundwirtschaft erreicht ist, sind hier die verschiedenen Pfeillinien dreiecksförmig zusammen-

gezogen und in einer einzigen Linie an den betreffenden Sammel-
kreis herangeführt. In der Gaswirtschaft dagegen münden zwei
getrennte Ströme in den Bedarfsdeckungskreis.

Energiebedarf. Der Energiebedarf zerfällt in zwei Hauptgruppen: Wärme und Kraft, von denen der Wärmebedarf den bei
weitem größeren Umfang besitzt. Er entfällt wiederum mit einem
größeren Teile auf den Haushalt, mit einem kleineren auf die Industrie, während der Kraftbedarf so gut wie ausschließlich auf die
Industrie (Hauptmenge Gütererzeugung, kleinerer Teil Verkehr)
entfällt.

Der weitaus größte Teil des gesamten Energiebedarfes wird
durch feste Brennstoffe gedeckt, unter denen, wie das starke
Hervortreten der schwarzen Flächen im oberen Streifen erkennen
läßt, die Steinkohle wiederum die erste Stelle einnimmt. Neben ihr
ist der Koks in erheblichem Umfange an der häuslichen und industriellen Wärmebedarfsdeckung (Zentralheizung, gewerbliche Feuerungen, Metallurgie) beteiligt. Das Braunkohlenbrikett hat besonders in der häuslichen Wärmebedarfsdeckung ein weites Feld
erobert, hat sich aber auch in der industriellen Wärmebedarfsdeckung eingeführt. Holz und Torf beschränken sich hauptsächlich
auf die häusliche Wärme, während die Rohbraunkohle fast ausschließlich für industrielle Wärmezwecke verwendet wird. Der
Braunkohlenschwelkoks spielt eine bislang ziemlich geringe Rolle.

Unter den Edelenergien nimmt in der Bedarfsdeckung der
elektrische Strom zur industriellen Kraftversorgung die erste Stelle
ein. Auch in der industriellen und Haushaltswärmeversorgung hat
die Elektrowärme Eingang gefunden, doch nur in verhältnismäßig
geringem Mengenumfange.

Im Gegensatz zur Elektrizität spielt das Gas in der Kraftversorgung bislang noch keine große Rolle, hat sich aber in der
Wärmeversorgung des Haushalts eine feste, immer noch wachsende
Domäne geschaffen und seit etwa einem Jahrzehnt auch in der
industriellen Wärmeversorgung weitgehend Fuß gefaßt, wenn auch
im Vergleich zu den festen Brennstoffen der Anteil von Gas wie auch
Elektrizität prozentual immer noch bescheiden ist.[1]

Öl spielt die wichtigste Rolle als Kraftstofflieferant für die Ver-
kehrswirtschaft, eine nicht unbedeutende aber auch als industrielles
Heizmittel.

Insgesamt ist der Anteil der Edelenergien an der Energie-
bedarfsdeckung immer noch gering gegenüber den festen Brennstoffen. Er befindet sich aber, wie zur Nedden statistisch nach-
gewiesen hat, seit Jahrzehnten im Vormarsch.

---

[1] Der Anteil der Gaswärme an der industriellen Wärmebedarfsdeckung ist
inzwischen erheblich angestiegen.

Nur in ganz groben Strichen sollte hier der Rahmen skizziert werden. in den die Ferngasverbundwirtschaft einzubauen ist. Welche neuen Schaltmöglichkeiten durch diese Versorgungsart eröffnet werden, ist punktiert angedeutet.

Man findet zunächst die aus den früheren Darlegungen bekannten Produktionsgrundlagen des Bereitschaftsgases wieder. Dies selbst ist in der Abbildung durch einen rings um die seither schon abgegebene Kokereigasmenge gezeichneten Kreisring dargestellt. Seine seitherige Verwendung zur Dampferzeugung und zur Unterfeuerung der Koksöfen ist durch die ausgezogenen, sein zukünftiger Ersatz durch schwer verkäufliche Brennstoffe, Abfallkoks und Gichtgas durch die punktierten Pfeillinien angedeutet. Die Vereinigung des Bereitschaftsgases mit dem Gaswerksgas ist in der Mitte der Abbildung eingezeichnet. In gemeinsamem Strom fließen beide in die Bedarfsdeckung.

Die Wirkung der Ferngasverbundwirtschaft auf die deutsche Energieversorgung erstreckt sich nun, abgesehen von den bereits eingehend behandelten gas- und sicherheitstechnischen Rückwirkungen vor allem auf:

1. den Koksmarkt,
2. das Treibstoffproblem,
3. das Verhältnis Gas — Elektrizität.

2. Ferngasverbundwirtschaft und Koksmarkt.

Bei der engen Verquickung von Gas und Koks durch ein gemeinsames Entstehungsverfahren wirkt sich jede Neuorientierung der Gaswirtschaft naturgemäß auch auf die Kokswirtschaft aus.

Aufhebung der »Gas-Koks-Schere«. Die bedeutsamste Auswirkung ist, besonders für die Zukunft, die Lockerung oder Aufhebung der Gas-Koks-Schere.

Das aus dem oberen Streifen des Schaltbildes ersichtliche Nebeneinander von Gas und Koks auf dem Wärmemarkt hat auf manchen Gebieten (Bäckereien, Schmieden, Kaffeeröstereien und anderen Gewerbezweigen, Raumheizung, industrielle Feuerungen) bereits zu einer Überschneidung der Anwendungsbereiche beider Brennstoffe geführt, indem sich in manchen Fällen das Gas dem Koks nicht nur technisch, sondern durch seinen hohen Formwert auch wirtschaftlich überlegen zeigte. So entstand ein gewisser Wettbewerb zwischen Gas und Koks, der vom Standpunkte der Gaswerksproduktion aus höchst unerwünscht ist, weil ja die Gasgestehungskosten in hohem Maße von dem erzielten Kokserlöse abhängen. Diese doppelte preis- und mengenmäßige Abhängigkeit zwischen Gas und Koks hat man als Gas-Koks-Schere bezeichnet.

Die Schere würde sich besonders weit dann öffnen, wenn etwa auf der heutigen Erzeugungsgrundlage der Gaswerke versucht würde, Industrie, Gewerbe und Raumheizung in größerem Umfange mit Gas zu versorgen. Denn die zwangsläufig hierbei anfallenden und auf wirtschaftliche Weise im Eigenverbrauche nicht unterzubringenden Mehrkoksmengen würden ein Absatzproblem heraufbeschwören, das nur unter Preisopfern, die den Gaspreis emportreiben würden, gelöst werden könnte.

Man kann nun den Vormarsch des Gases in die Industrie zwar durch Ziehen der Tarifbremse abstoppen, indem man die Gaspreise einfach nicht soweit senkt, daß ein koksseitig bedrohlicher Bedarfszuwachs entsteht. Aber diese sog. »vernünftige Beschränkung in der Auswahl der Gaskunden« ist, energiewirtschaftlich betrachtet, doch nur ein Notbehelf, weil das Gas zweifellos die höhere Entwicklungsstufe darstellt. Die Entwicklung zum Gas darf also nur dann abgebremst werden, wenn es keine andere Möglichkeit gibt.

Gerade durch die Einbeziehung des Bereitschaftsgases werden aber ganz neue gaswirtschaftliche Möglichkeiten geschaffen. Denn die Abgabe von Bereitschaftsgas bedingt ja nicht nur keine Koksmehrerzeugung, sondern eher die Schaffung eines neuen Koksabsatzraumes. Das Bereitschaftsgas ist also gleichsam »kokslos« oder gar kokszehrend.

Infolgedessen wird durch seine Einbeziehung in die örtliche Gasversorgung die Koks-Gas-Schere außer Funktion gesetzt, auch dann, wenn neue Großabnehmer angeschlossen werden. Ein schweres Hemmnis für die Gasabsatzentwicklung ist damit auf absehbare Zeit aus dem Wege geräumt.

Fehler der Monopoltheorie. Trotz dieses bedeutsamen Vorteiles sind doch gerade in kokswirtschaftlicher Hinsicht Bedenken gegen die Einbeziehung des Bereitschaftsgases in die Gaswirtschaft erhoben worden.

So ist die Theorie vertreten worden, die örtlichen Gaswerke müßten unvermindert aufrechterhalten werden, weil sonst der Gaskoks vom Markte verschwinde und dadurch eine monopolartige Stellung für den Zechenkoks geschaffen werde, die zu Preistreibereien führen könne.

Hält man sich vor Augen, mit wie zahlreichen Wettbewerbern der Koks in der deutschen Brennstoffversorgung zu rechnen hat (s. Schaltbild!), so erscheint eine Monopoltheorie für eine einzige Brennstoffsorte schon von vornherein abwegig. Zudem bestehen nach dem Kohlenwirtschaftsgesetz mit allen Vollmachten ausgestattete Organe, denen die Überwachung einer gesunden Preispolitik auf dem deutschen Brennstoffmarkte (einschließlich des Kokses!) obliegt:

»Der Reichskohlenrat leitet die Brennstoffwirtschaft... nach gemeinwirtschaftlichen Grundsätzen unter Oberaufsicht des Rei-

ches«, so heißt es in § 47 des Kohlenwirtschaftsgesetzes. Und nach § 112 kann der Reichswirtschaftsminister jederzeit »die vom Reichskohlenverband festgesetzten Brennstoffverkaufspreise nach Anhörung des Reichskohlenrates und des Reichskohlenverbandes herabsetzen«.

Durch »Generalabkommen« vom 15. Juni 1933 in der Fassung vom 27. Juli 1934 ist ferner auch der gesamte Brennstoffhandel einheitlich ausgerichtet, so daß von der Zeche bis zum letzten Kohlenhändler ein organisches Ganze besteht, innerhalb dessen für Monopole einfach kein Platz ist.

Ist demnach der Gaskoks weder dazu berufen, noch notwendig, um irgendwelche hypothetischen Monopolbestrebungen durch »preisregelnde Wirkung« zu unterbinden, so wäre er außerdem praktisch auch keineswegs hierzu geeignet, erstens, weil seine Menge nicht ausreicht, zweitens, weil die Rolle des Preisregulators sich mit seiner Stellung als Selbstkostenfaktor der Gaserzeugung schlecht verträgt.

Über die Menge des Gaskokses im Verhältnis zum Zechenkoks gibt die bereits früher besprochene Abb. 38 und Zahlentafel 9 eingehend Auskunft. Das Gesamtvolumen der Zechenkoksabgabe liegt etwa in zehnfacher Höhe wie das der Gaskoksabgabe. Und selbst die drei Hauptgruppen des Zechenkoksabsatzes, die Gruppe »Hausbrand« (Hausbrand, Landwirtschaft und Platzhandel), »Eisenwirtschaft« (Erzgewinnung, Eisen- und Metallerzeugung sowie -Verarbeitung) und »Ausfuhr« sind, jede für sich genommen, beträchtlich größer als die gesamte Gaskoksabgabe.

Die Stellung des Gaskokses als Selbstkostenfaktor der Gaserzeugung wurde schon genügend dargelegt. Die Gaswerke haben ein vitales Interesse an hohen Gaskokspreisen. Die Erfahrung zeigt denn auch, daß der Gaskokspreis, beispielsweise der Durchschnittserlös des Gaskokssyndikates, sich stets dem Zechenkokspreise angepaßt hat, auch dann, wenn dieser, wie in den Jahren 1926 bis 1929, gestiegen ist (siehe Abb. 48), während andererseits ein stärkeres Absinken des Zechenkokspreises, wie es beispielsweise im Sommer 1932 in einem größeren Wirtschafts-

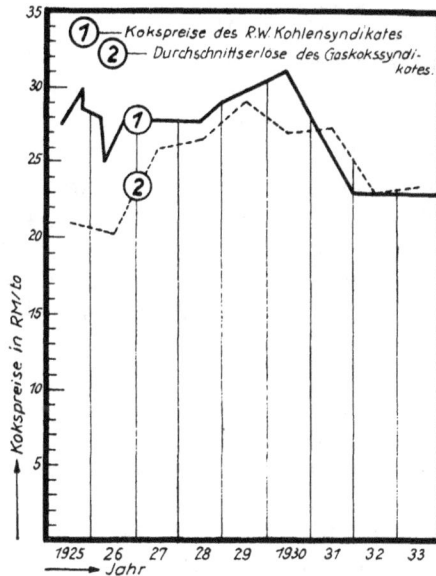

Abb. 48. Kokspreise 1925 bis 1934.

gebiete zu verzeichnen war, die Gaswerke zu Abwehrmaßnahmen veranlaßte.

Dem Streben nach besseren Gaskokspreisen verdankt auch das Gaskokssyndikat seine Entstehung. — In anschaulicher Weise schilderte dessen Leiter auf der Berliner Weltkraftkonferenz 1930, wie der Kampf gegen unzulängliche Preise und Absatzstockungen es war, der die Gründung einer später zum Gaskokssyndikat erweiterten Vereinigung veranlaßte. Und auch heute noch ist der Grundgedanke »die Gewährung gegenseitigen Ortsschutzes durch die Mitglieder der Vereinigung, d. h. kein Mitgliedswerk darf in das Absatzgebiet eines anderen Koks liefern; keines braucht daher Unterbietungen durch Kokseinlieferungen eines anderen Gaswerkes zu befürchten.... « Es sind also, abgesehen von den organisatorischen Zwecken, die an der unteren Preisgrenze lauernden Gefahren, gegen die das Gaskokssyndikat schützen soll. Nach oben hin war es im Gegenteil der Zechenkoks, der den Preis regulierte. So wurde den Gaswerken auf der Kölner Tagung des Gaskokssyndikates 1929 die Aufgabe gestellt »auf die Erzielung von Preisen hinzuarbeiten, die sich denen für Zechenkoks entsprechender Sortierung anpassen, um sie nach und nach zu erreichen«. Oder: »Die Gasindustrie ist in der Preisstellung für Koks nicht frei, sie muß sich den Verkaufspreisen des in viel größeren Mengen auf den Markt kommenden Zechenkokses anpassen« (Bericht zur Berliner Weltkraftkonferenz 1930).

Damit sind die Grenzen, innerhalb deren sich die Preisbildung des Gaskokses vollzieht, umrissen: Nach oben zieht der Zechenkokspreis eine natürliche Grenze, nach unten sichert das Gaskokssyndikat vor Unterbietungen. Innerhalb dieser Grenzen hat sich ein gesundes marktwirtschaftliches Verhältnis zwischen Gas- und Zechenkoks eingespielt, wobei der Gaskokspreis durchschnittlich etwas unter dem Zechenkokspreise bleibt. Hier findet das natürliche Bestreben der Gaswerke, aus dem Koksverkauf herauszuholen, was der Markt gestattet, sein natürliches Ende. Die Theorie von der preisregelnden Wirkung ist also nicht zu halten.

Koksausfuhr und Gaskoksoffensive. Auch die Preisbildung des Zechenkokses ist nun aber keineswegs das Ergebnis willkürlicher Festsetzungen. Ganz abgesehen von der regierungsseitigen Preisüberwachung und dem Einflusse der zahlreichen Konkurrenzbrennstoffe sind es auch eine ganze Reihe andere Wirtschaftsfaktoren, die an der Kokspreisbildung mitwirken. Jede der drei Hauptabnehmer des Zechenkokses, Hausbrand, Eisenindustrie und Ausfuhr, hat ihre eigenen Wirtschaftsgesetze, und erst aus dem Zusammenwirken dieser Faktoren mit der Gesamtlage des Bergbaus (Sortenproblem) entsteht der durchschnittliche Zechenkokspreis.

Es ist sehr aufschlußreich, an Hand der statistischen Jahrbücher des Deutschen Reiches die durchschnittlichen Koksausfuhrpreise mit dem Gesamtpreisdurchschnitt zu vergleichen (Abb. 49). Während die

Koksausfuhr eine Zeitlang Gewinne zugunsten der deutschen Volkswirtschaft abgeworfen hat, wird sie heute nur unter erheblichen Preisopfern aufrechterhalten, weil sie aus devisenpolitischen und sozialen
Gründen aufrechterhalten werden
muß. Liest man ferner, daß
heute eine internationale Kartel-
lierung des Ausfuhrkokses auf einer
fob-Basis von nur 12,20 RM./t
geplant ist — wobei übrigens, ein
weiteres Zeichen für die Bedeutung der deutschen Kokswirtschaft, auf Deutschland mehr als
die Hälfte der Quoten entfällt —,
so ist es nicht schwer, auszurech-
nen, mit welchen Unkosten der
Binnenabsatz des Zechenkokses
heute vorbelastet ist.

Wenn die Gaswerke hiervon
Nutzen ziehen, indem sie ihre
Kokspreise nach dem Binnen-
marktspreis des Zechenkokses
und nicht etwa nach dem Durch-

Abb. 49. Gedrückte Koksausfuhrpreise.

schnittserlöse ausrichten, obwohl sie ihrerseits an den Opfern der
Ausfuhr nicht teilnehmen, so mag dies im Interesse der kommunalen
Wirtschaft begrüßt werden. In dem Augenblick aber, wo, wie es
vorgeschlagen worden ist, die Gaswerke zu einer Koksoffensive übergehen würden mit dem ausgesprochenen Ziele, den Zechenkoks völlig
vom Binnenmarkte zu verdrängen, würden wichtige volkswirtschaftliche
Belange berührt werden. Denn das würde auf eine Unterminierung des
gesamten Preisgebäudes der Zechenkokspreisbildung hinauslaufen und
dadurch den Export unmöglich machen — es sei denn, daß die Gaswerke sich in dem Maße, wie sie auf dem Binnenmarkte in die Rolle
des Zechenkokses eintreten, auch an den Opfern der Ausfuhr teilnehmen
würden. Dann stimmt aber die ganze Rechnung gasseitig nicht mehr,
weil dann mit fortschreitendem Koksabsatz der Erlös je t stark absinken
würde. Zudem würde es sich dann nur um eine Verlagerung des Koksmarktes von einer Hand in die andere handeln, das Erzeugungsvolumen
der Gaswerke müßte auf ein Mehrfaches gesteigert, große Kapitalien
müßten in die zersplitterte Erzeugung investiert und moderne Zechenkokereien teilweise brachgelegt werden, ohne daß auch nur irgendein
Glied der deutschen Volkswirtschaft davon Nutzen hätte.

Ringplan und Koksfrage. Zum Abschluß dieses Abschnittes
sei noch kurz untersucht, wie der Koksmarkt durch den Ringplan beeinflußt wird.

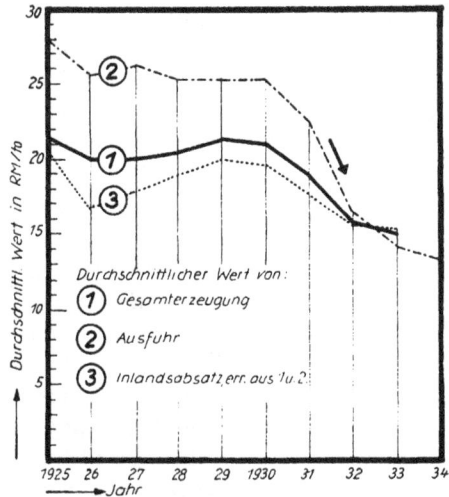

Bei einer Jahresgaserzeugung von rd. 800 Mio m³ dürfte die Ge-
samtkoksabgabe der vom Ringplan erfaßten Gaswerke heute etwa
880 000 t/Jahr betragen. In Zukunft werden bei einer Gaserzeugung von
rd. 250 Mio m³, jedoch einem Verkaufskoksanfall von 2,75 (gegen heute
1,1) kg/m³ insgesamt rd. 700 000 t Verkaufskoks örtlich erzeugt werden.
Es entsteht also innerhalb des gesamten umfangreichen Projektes eine
Koksverlagerung von nur 200 000 t oder noch nicht einmal 1% der
deutschen Zechenkokserzeugung.

Also auch rein mengenmäßig und ganz abgesehen von den volkswirtschaftlichen Fehlern der Monopoltheorie, fehlt jede Möglichkeit, in dem
Ringprojekte Monopolgefahren zu erblicken.

Damit können die Untersuchungen über den Zusammenhang zwischen der Ferngasverbundwirtschaft und der Koksfrage abgeschlossen
werden. Es zeigte sich, daß die unangenehmen Begleiterscheinungen des
Koksproblems für die Gaswirtschaft (Preisschwankungen, Koks-Gas-
Schere) durch die Ferngasverbundwirtschaft gemildert oder auf absehbare Zeit gänzlich außer Funktion gesetzt werden, daß die Theorie vom
Zechenkoksmonopol und der notwendigen preisregulierenden Wirkung
des Gaskokses auf Irrtum beruht und daß die marktwirtschaftlichen Verlagerungen durch den Ringplan sich innerhalb sehr bescheidener Grenzen
halten. Alles in allem ist also die Ferngasverbundwirtschaft auch koks-
wirtschaftlich von erheblichem Nutzen.

3. Ferngasverbundwirtschaft und Treibstoffproblem.

Das Treibstoffproblem spielt bekanntlich nationalpolitisch eine weit
größere Rolle, als es dem verhältnismäßig geringen mengenmäßigen
Anteil der flüssigen Treibstoffe an der deutschen Energieversorgung
(Abb. 46) entspricht. Einmal wegen der rasch ansteigenden Motorisie-
rung Deutschlands, zum andern wegen der durch unsere geringen heimischen Erdölvorkommen bedingten bedenklichen Auslandsabhängigkeit
der deutschen Treibstoffversorgung, deren Beseitigung aus wehr- und
devisenpolitischen Gründen zu einem Lebensproblem des deutschen
Volkes geworden ist.

Nur unseren reichlichen Stein- und Braunkohlenvorräten ist es zu
verdanken, daß wir überhaupt in der Lage sind, dieses Problem mit Aus-
sicht auf Erfolg in Angriff zu nehmen.

Förderung der Benzolgewinnung. Schon seither haben verschiedene Wege von der Stein- und Braunkohle und insbesondere auch
von den Gaswerken und Kokereien zum Treibstoffmarkte geführt. Das
Schaltbild läßt erkennen, daß jährlich rd. 20 000 t Benzol von den Gaswerken, rd. 250 000 t von den Kokereien geliefert wurden. Der Teer
beider Gruppen spielt jedoch keine größere Rolle für die Treibstoffversorgung.

Auf die t Einsatzkohle berechnet, war die Benzolgewinnung in den Gaswerken kaum halb so hoch wie in den Kokereien, was nach der bereits an anderer Stelle wiedergegebenen Zahlentafel in der Hauptsache durch die Zersplitterung der Erzeugungsanlagen begründet ist. Die nachdrücklichen Hinweise der Regierung haben zwar eine gewisse Steigerung der Benzolgewinnung der Gaswerke bewirkt, so daß heute etwa 40 000 t Gaswerksbenzol erzeugt werden dürften. Aber selbst wenn die Benzolerzeugung der Gaswerke ihr Höchstziel einer Jahreserzeugung von 50 000 t Benzol erreicht hat, bleibt ihr Anteil an der Deckung des deutschen Treibstoffbedarfes, der allein an Leichtölen weit über 1,5 Mio t liegt, auf wenige Prozent beschränkt.

Immerhin kann wenigstens innerhalb dieses Rahmens die Ferngasverbundwirtschaft manches zur Intensivierung der Benzolgewinnung beitragen. Die durch den Ringplan bewirkte Zusammenfassung der örtlichen Erzeugung zu leistungsfähigen, dezentralisierten Großgaswerken ermöglicht nicht nur eine bessere Ausnutzung der seitherigen Benzolgewinnungsverfahren, sondern auch die Anwendung gewisser neuerer Verfahren zur Steigerung der spezifischen Benzolausbeute (Innenabsaugung u. ä.), die, wenn überhaupt, dann nur in entsprechend überwachten und eingerichteten Großbetrieben zur Anwendung gelangen können.

Die Grenze der Gaswerksbenzolerzeugung ist durch den Kohleneinsatz gegeben. Denn das Benzol wird und kann auf den Gaswerken stets nur als Beiprodukt gewonnen werden.

Hilfsstellung der Ferngasverbundwirtschaft bei der Einführung neuerer Treibstoffgewinnungsverfahren. Aber bei der Einführung anderer Treibstoffgewinnungsverfahren kann die Ferngasverbundwirtschaft in baulicher, technischer und marktwirtschaftlicher Hinsicht um so wertvollere Dienste leisten.

In Betracht kommen vor allem:

a) die Schwelung,
b) die Hydrierung,
c) die Extraktion,
d) die Synthese,

über deren Ausgangs- und Endprodukte die Eintragungen am rechten Rande des Schaltbildes Auskunft geben.

Die Schwelung, die bislang nur in verhältnismäßig geringem Umfange auf der Braunkohle gediehen, auf der Steinkohle in den Anfängen stecken geblieben war, hat durch die Treibstoffnot für beide Rohstoffe einen neuen, starken Impuls erhalten.

Von der Entgasung unterscheidet sie sich bekanntlich dadurch, daß durch mildere Temperaturbehandlung (je nach Verfahren 450 bis 750° gegen 1000 bis 1200° bei der Hochtemperaturentgasung)

der Anteil des Teeres auf Kosten des Gases erhöht und zugleich seine Beschaffenheit so verändert wird, daß in Form des Schwelteeres ein vielseitig verwendbares Ausgangsprodukt für die Treibstofferzeugung entsteht. Statt 4 kg Hochtemperaturteer werden etwa 7 kg Schwelteer je t Kohle gewonnen.

Der Nachteil der Schwelung ist jedoch sowohl bei der Braun- wie auch bei der Steinkohle ein verhältnismäßig hoher Anfall von Schwelkoks, von dessen günstiger Absatzmöglichkeit die Wirtschaftlichkeit der Schwelung abhängt. Die Einschleusung größerer Mengen eines neuen Brennstoffes in den sowieso bereits überladenen deutschen Brennstoffmarkt ist aber nur mit größter Vorsicht möglich, zumal gerade an von Natur aus mageren oder künstlich gemagerten Brennstoffen kein Mangel besteht. Zwar hat die Technik mancherlei Verwendungsmöglichkeiten für den Schwelkoks geschaffen (Hausbrand, Dampfkraftwerke, Industrie, Fahrzeuggeneratoren) und auch die Qualität des Schwelkokses wesentlich verbessert, doch liegen Erfahrungen über die Aufnahme größerer Schwelkoksmengen noch nicht vor.

Die Hydrierung mit oder ohne vorgeschaltete Extraktion, kennt ein Koksproblem nicht, da sie den Rohstoff — Stein- und Braunkohlen wie auch Teere — fast restlos in Öle oder Gas überführt. Und das letztgenannte der vier Verfahren, die Synthese, trägt sogar zur Erleichterung des Koksproblemes bei, da ihr Ausgangsmaterial, das sog. »Synthesegas« in Generatoren aus festen Brennstoffen, darunter vor allem auch Koksen (Hochtemperatur- und Schwelkoksen) hergestellt wird.

Es lag nahe, die verschiedenen Verfahren miteinander zu kuppeln oder hintereinanderzuschalten. So kann der Schwelkoks als Vergasungsmaterial für Synthesegas, der Schwelteer als Ausgangsmaterial der Hydrierung verwendet werden. Aber auch für die Gas- und Kokereiwirtschaft bestehen hier mancherlei Möglichkeiten zur Einschaltung, zumal auch Starkgas durch Krackung in Wassergasgeneratoren in Synthesegas überführt werden kann, während andererseits das bei einem Teil der Treibstoffgewinnungsverfahren anfallende Gas von der Gaswirtschaft aufgenommen werden kann, usw.

Kurz, durch die Maßnahmen zur Bekämpfung der Treibstoffnot ist die deutsche Energiewirtschaft gleichzeitig um eine Fülle neuer Schaltmöglichkeiten bereichert worden, die nicht nur der Treibstoffwirtschaft selbst, sondern in Wechselwirkung auch der übrigen Energiewirtschaft zugute kommen. Aus der Not ist, wie schon so oft in der Geschichte der deutschen Technik, eine Tugend geworden.

Heute geht es nicht mehr darum, überhaupt einen Weg zur Lösung des deutschen Treibstoffproblems zu finden, sondern den wirtschaftlich und sicherheitstechnisch günstigsten.

Daß aber dieser Weg nicht über eine in fast tausend Werke und Werkchen zersplitterte Gaswirtschaft führt, leuchtet ein. Nur eine in sich gefestigte und organische verbundene Gaswirtschaft kann wertvolle Dienste leisten.

So können beispielsweise die bei der teilweisen Umstellung eines Gaswerkes auf Schwelbetrieb entstehenden Gasfehlmengen oder etwaige Gasbedarfsmengen zu billigen Preisen aus dem Ringnetz entnommen, ebenso aber auch die bei anderen Treibstoffgewinnungsverfahren entstehenden Überschußgasmengen in wirtschaftlichster Weise von ihm verteilt werden. Die Verquickung von Stein- und Braunkohlenrevieren durch das Ringnetz kann hierbei besonders nutzbringend werden. Auch kommt die durch das Bereitschaftsgas erzielte Entlastung des Koksmarktes indirekt der Lösung des Schwelkoksproblemes zugute, dessen Weg zum Markte hierdurch in gewissem Umfange erleichtert wird. Und so werden noch in mehrfacher Hinsicht durch den Ringplan wertvolle Brücken stoff- und marktwirtschaftlicher Art geschlagen, die den Weg zu neueren Treibstoffgewinnungsverfahren wesentlich erleichtern.

Dazu kommt, daß die Vereinigung eines großen Teiles der deutschen Gaswirtschaft zu einer Produktionseinheit nach dem Prinzip der großen Zahl auch kapitalwirtschaftlich und produktionstechnisch ein ganz anderes Fundament für die Einführung von mit der Gaswirtschaft zusammenhängenden Treibstoffgewinnungsverfahren bietet als es die zersplitterte heutige deutsche Gasversorgung je vermag. Erst in einem großen Rahmen wird es wirtschaftlich und technisch möglich, dezentralisierte Großanlagen der Gaswirtschaft wirksam zur Lösung des Treibstoffproblems heranzuziehen.

Ersatz flüssiger durch gasförmige Treibstoffe. Aber nicht nur durch Hilfsstellung bei der Vermehrung der Treibstofferzeugung, auch durch Beitrag zur Einsparung flüssiger Treibstoffe dient der Ringplan der Lösung des Treibstoffproblems.

Mezger rechnet z. B. damit, daß heute noch etwa 400 000 t Dieselöl in Elektrizitätswerken und Industrieanlagen in stationären Motoren verbraucht werden, die zum großen Teile durch Gas ersetzt werden könnten, wobei dem Wechselmotor (der sowohl mit Gas als auch nach geringen Auswechslungen mit Dieselöl betrieben werden kann) besondere Bedeutung zukommt. Für das zum Ersatz des Dieselöls benötigte Gas schätzt der genannte Verfasser den tragbaren Gaspreis zu 5 bis 7 Pf./m³, wobei allerdings bei örtlicher Erzeugung insgesamt etwa $1\frac{1}{4}$ Mio t Koks anfallen würden.

Es leuchtet ein, in welchem Maße die Lösung dieses Problems durch die Einbeziehung eines billigen und koksfreien Gases wie des Bereitschaftsgases erleichtert werden kann.

Das gleiche gilt aber auch für die Umstellung von Fahrzeugen auf Gas. Soweit diese überhaupt zur Durchführung gelangt, ist ein Ringnetz

sowohl hinsichtlich des Preises als auch der Betriebssicherheit die gegebene Basis für über das ganze Reich verteilte Gastankstellen.

Während also die Gaswirtschaft in ihrem heutigen Zustande nur in sehr beschränktem Umfange an der Lösung des deutschen Treibstoffproblems mitzuarbeiten vermag, wird sie durch eine Ferngasverbundwirtschaft der vorgeschlagenen Form zu einem starken Pfeiler im Aufbau einer einheimischen Treibstoffwirtschaft.

4. Ferngasverbundwirtschaft und Elektrizitätsversorgung.

Nur ganz kurz sei abschließend noch auf die Kombinationsmöglichkeiten zwischen Gas- und Elektrizitätswirtschaft hingewiesen, die ebenfalls durch die Ferngasverbundwirtschaft gefördert oder erschlossen werden.

Schon durch den Ersatz von Dieselöl durch Gas in den Elektrizitätswerken wird eine produktionswirtschaftliche Brücke zwischen beiden Energieträgern geschlagen. Es liegt nahe, diesen Gedanken auch zur Erhöhung der Betriebssicherheit auszubauen. Ein großzügiges Gasnetz ist gleichzeitig eine lebendige Kraftreserve für die Elektrizitätsversorgung. Noch haben wir in der deutschen Elektrizitätswirtschaft kein geschlossenes Ringnetz, aber es fehlt nicht mehr viel daran. Wird ein solches Ringnetz auch in der Gasversorgung geschaffen, so verfügt die deutsche Energiewirtschaft über einen leistungsfähigen Doppelring hochwertiger Edelenergien, der leicht in geeigneter Weise untereinander gekuppelt und so zu einer großen Reservegemeinschaft verbunden werden kann.

Auch die neuen Möglichkeiten des Spitzenausgleiches durch einen solchen Doppelring können für die Stromwirtschaft sehr wertvoll werden.

5. Sichere und elastische Energieversorgung.

Schon dieser kurze Streifzug durch die wichtigsten Gegenwartsprobleme der deutschen Energieversorgung zeigt also, daß die Ferngasverbundwirtschaft nicht nur ein Weg zur Lösung des Großraumproblems in der deutschen Gasversorgung ist, sich nicht nur störungsfrei in die übrige deutsche Energiewirtschaft einfügt, sondern darüber hinaus ein gesundes und tragfähiges Fundament für die Einführung neuer gaswirtschaftlicher, treibstoffwirtschaftlicher und elektrizitätswirtschaftlicher Verfahren bildet und die Herbeiführung eines harmonischen Gleichgewichtsverhältnisses Gas/Koks erleichtert.

Vom Standpunkte der gesamten Energiewirtschaft aus betrachtet, ist sie also ein wirksames Mittel zur Erzielung einer sicheren und elastischen Energieversorgung. Durch die Ferngasverbundwirtschaft gelangen wir in Deutschland immer näher an eine geschlossene Stufenleiter von

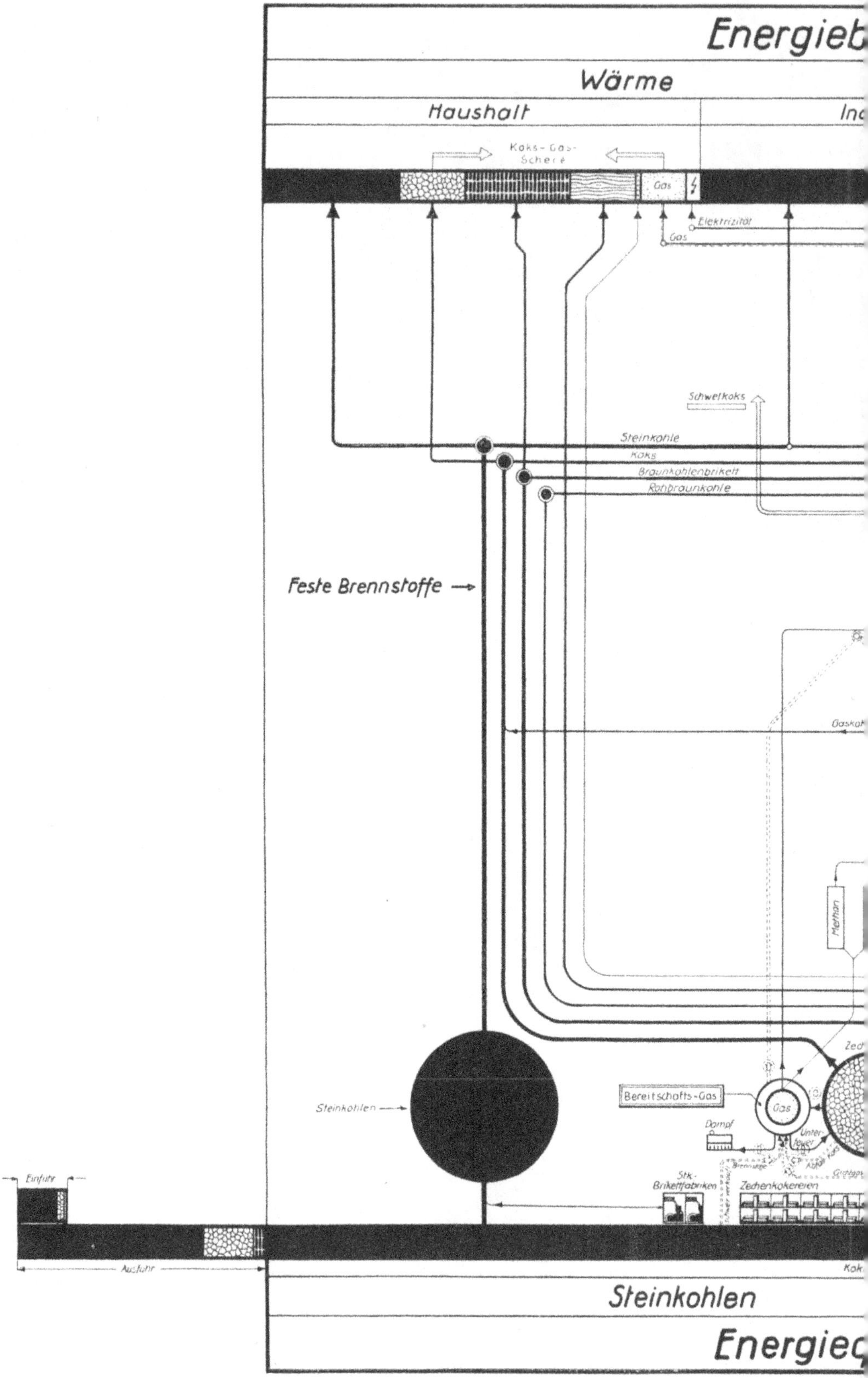

Energieb

Wärme

Haushalt

Ind

Koks-Gas-Scheide

Gas

Elektrizität

Gas

Schwelkoks

Steinkohle

Koks

Braunkohlenbrikett

Rohbraunkohle

Feste Brennstoffe →

Gaskok

Methan

Steinkohlen →

Zed

Bereitschafts-Gas

Gas

Dampf

Unter

Stk-Brikettfabriken

Zechenkokereien

Einfuhr

Ausfuhr

Kok

Steinkohlen

Energieq

Abb. 46. Schaltbi

Kraft

Industrie

Verkehr

Neue Wege zu heimischer
Treibstoffversorgung

Braunkohlen

nergieversorgung.

Energieformen verschiedenster Speicherfähigkeit heran, angefangen von der nicht oder nur beschränkt speicherfähigen Elektrizität über das gut speicherbare Gas bis zu den unbeschränkt speicherbaren festen und flüssigen Brennstoffen. Durch eine immer größere Zahl von Schaltmöglichkeiten können die Energien verschiedenster Speicherfähigkeit ineinander umgewandelt werden, so daß sich für den Kampf gegen Konjunktur- und Tagesspitzen eine ganz neue Operationsbasis entwickelt.

Die Ferngasverbundwirtschaft ist also letzten Endes ein Markstein auf dem Wege zu einer planmäßig steuerbaren deutschen Energie-Marktwirtschaft, steuerbar nicht im Sinne unorganischer bürokratischer Eingriffe, sondern steuerbar im Sinne einer organischen Anpassung an die stets wechselnden Bedürfnisse von Volk und Wirtschaft. Und es mag fast scheinen, als wenn die hier nur angedeuteten gewaltigen energiewirtschaftlichen Zukunftsperspektiven noch bedeutsamer wären, als die gaswirtschaftlichen Überlegungen, von denen sie ihren Ausgang nahmen.

X. Teil.

K. Schlußbetrachtungen.

Wenn man sich rückschauend vor Augen hält, mit welcher zwingenden Logik sich der Großraumgedanke aus der ganzen Entwicklung der Gaswirtschaft ergibt, wie einschneidend die personal-, stoff- und vor allem auch kapitalwirtschaftlichen Ersparnisse sind, die der deutschen Volkswirtschaft aus einer großräumigen Ferngasverbundwirtschaft erwachsen, wie sehr durch sie die Grundlagen unserer ganzen Gasversorgung nicht nur kostenmäßig und sicherheitstechnisch verbessert, sondern auch mengenmäßig erweitert werden, wie organisch sich die neue Wirtschaftsform in die gesamte deutsche Energiewirtschaft einfügt und welch wertvolle Hilfsstellung sie für die Lösung so vordringlicher Probleme wie des nationalen Treibstoffproblemes bietet, so liegt die Frage nahe, weshalb denn eine für Volk und Vaterland so nutzbringende und wertvolle Versorgungsart nicht schon längst zur Durchführung gelangt ist.

Um dies verständlich zu machen, sei abschließend noch einmal ein kurzer Blick auf die gaswirtschaftliche Gesamtlage geworfen.

Zunächst muß man sich daran erinnern, daß es am hundertsten Jahrestage des deutschen Gasfaches, im Jahre 1925, in Deutschland überhaupt noch keine Ferngasfrage im heutigen Sinne gab. Eben erst hatte der Ruhrbergbau begonnen, die schweren Folgen der Überbeanspruchung während des Krieges und der zusätzlichen Belastung durch die Besatzungszeit auszumerzen. Die modernen Kokereien, heute der Stolz der deutschen Kohlenwirtschaft, waren damals noch nicht vorhanden.

Die örtliche Gaswirtschaft ihrerseits war noch durchweg produktionsorientiert. Noch nahmen die Erörterungen über die Ofenfrage, insbesondere angeregt durch neue, erst nach dem Kriege auf den Markt gebrachte Ofensysteme, die Aufmerksamkeit der Fachwelt in hohem Maße in Anspruch. Die geschweißte Stahlrohrleitung, für den Gasfernversand heute eine Selbstverständlichkeit, hatte gerade eben Eingang in die Praxis gefunden. Ihre Zukunftsbedeutung war noch kaum erkannt. Die Industriegasversorgung steckte noch in ihren allerersten Anfängen. Kurz, die Gaswirtschaft befand sich in einer zwar aufwärts gerichteten, aber doch ruhigen Entwicklung, die sich in nichts Wesentlichem von dem voraufgegangenen hundertjährigen Entwicklungsabschnitte unterschied.

Verglichen mit der Elektrizitätswirtschaft, die, obwohl erst kurz vor der Jahrhundertwende geboren, schon vor dem Kriege den Zustand der Einzelwirtschaft im wesentlichen überwunden und gleich nach dem Kriege mit der ihr eigenen Tatkraft und Entschlossenheit den Weg zur Großraumwirtschaft beschritten hatte, befand sich die Gaswirtschaft in ungleich langsamerer Entwicklung. Führende Köpfe des deutschen Gasfaches prägten damals das Wort vom »Dornröschenschlaf«, ein Wort, das sicherlich manchem gesunden Vorwärtsstreben unrecht tat, aber auch ein Körnchen Wahrheit enthielt.

Die entscheidende Wendung trat erst mit dem Beginn des zweiten Jahrhunderts deutscher Gasgeschichte ein.

Wenn man das, was in den Jahren 1926 bis 1936 in der deutschen Gaswirtschaft vorgegangen ist, mit der früheren Entwicklung vergleicht, ist man versucht, von einem Jahrzehnt der Gaswirtschafts-Revolution zu sprechen.

Schon kurz nach Beginn des zweiten Gas-Jahrhunderts hatte sich in den Kohlenrevieren, insbesondere auch an der Ruhr, die gaswirtschaftliche Lage entscheidend geändert. Über zwei Dutzend neue Kokereien waren entstanden, zwar nicht, um Gas zu erzeugen, sondern um durch Verbesserung und Verbilligung der Kokserzeugung der Eisen- und Kohlenwirtschaft sowie der Chemie des Bergbaus verbesserte Lebensbedingungen zu schaffen und dadurch die dem deutschen Kohlenbergbau durch Krieg, Friedensdiktat und Besatzung geschlagenen Wunden heilen zu helfen.

Und doch wurde durch diese mehr kohlenwirtschaftliche Maßnahme letzten Endes die gaswirtschaftliche Revolution in Deutschland eingeleitet. Das Zusammentreffen großer Gasüberschüsse bei den modernen Kokereien mit der technisch wirtschaftlichen Möglichkeit, dieses Gas an vielen Stellen durch billige Brennstoffe ersetzen und in den neuen geschweißten Stahlrohrleitungen auf weite Strecken über Land zu verfrachten, war der Ausgangspunkt des sog. »Ferngasgedankens«.

Erstmalig war damit die früher nur auf die Umgebung der Bergbaugebiete beschränkte Zechengasversorgung auch für größere Teile des übrigen Deutschland in das Stadium der technischen und wirtschaftlichen Durchführbarkeit getreten. Erstmalig tauchte neben der herkömmlichen örtlichen Gaserzeugung eine zweite Möglichkeit der Gasbedarfsdeckung auf.

Es war natürlich, daß die örtlichen Gaswerke nicht gleich mit fliegenden Fahnen zur neuen Versorgungsart übergingen. Auch die technische Überlieferung läßt gewisse Gefühlsmomente heranwachsen, die nicht von heute auf morgen zu überwinden sind, und die auch ihr Gutes haben können. Die »Liebe zum Gaskessel«, wie es einmal genannt wurde, spornte die örtlichen Gaswerke an, auch ihrerseits ihr Bestes zu tun, um sich der neuen Versorgungsmöglichkeit ebenbürtig zu zeigen.

Wo die Enge der örtlichen Verhältnisse diesem Bestreben allzu sichtbar im Wege stand, wurde erwogen, durch Sammelerzeugung, oder, wie man es damals nannte, »Gruppengasversorgung«, die Wirtschaftlichkeit zu heben.

Hie Gruppengas — hie Ferngas, so lautete eine Zeitlang die Kampfparole.

Weiter ging die Entwicklung. Der Ferngasgedanke errang zunächst im Westen Deutschlands seine ersten durchschlagenden Erfolge. Innerhalb weniger Jahre, teils mitten in der Wirtschaftskrise, wurde nach und nach ein Industriegasabsatz von fast 2 Mia m³, also nicht viel weniger als die gesamte übrige deutsche Gaserzeugung betrug, erschlossen. Die Frage der Industriegasversorgung hatte ihre praktische Lösbarkeit unter Beweis gestellt. — Auch die Saar ging zum Ausbau der Ferngasversorgung über. Mitten durch die Pfalz ist sie bis nach Ludwigshafen, an den Rhein, vorgestoßen.

Dennoch blieben gewaltige Gasmengen im deutschen Bergbau unausgenutzt für die Gasversorgung in Bereitschaft stehen. Die Ferngasfrage war noch nicht gelöst.

Andererseits brachte die Sammelerzeugung keine großen Fortschritte. Deutlich hob sich von den Erfolgen des gaswirtschaftlichen Westens die langsame Entwicklung der übrigen deutschen Gasversorgung ab. Die örtliche Erzeugung mußte nicht nur in räumlicher Hinsicht große Gebiete unversorgt lassen, die durch Großfernstränge im Nebenher hätten erschlossen werden können, auch innerhalb der versorgten Gebiete kam sie nur in beschränktem Umfange an die gewerblichen und industriellen Abnehmer heran. Während in den Ferngasgebieten Industriegaspreise von 3 Pf./m³ und noch darunter frei Verbraucher zur Wirklichkeit wurden, beschränkten sich schon aus produktionswirtschaftlichen Gründen selbst große städtische Werke auf solche Absatzgebiete, die schon mit Gaspreisen von 8 bis 10 Pf./m³ erschließbar waren. Für die kleineren Werke bedeutete die Belieferung größerer gewerblicher Unternehmungen überhaupt eine Unmöglichkeit. — Ein buntscheckiges Durcheinander von Tarifen nicht nur verschiedener Struktur, sondern auch verschiedener Höhe war das Spiegelbild der örtlich verschiedenen Erzeugungskosten. — Das Fehlen eines offenen Hahnes und eines koksfreien Gases erwiesen sich als unüberwindliche absatztechnische Hindernisse.

Aber war es nicht volkswirtschaftliche Pflicht, auf dem Posten auszuharren und die örtliche Gaserzeugung auch gegen eine wirtschaftliche Überlegenheit des Ferngases zu verteidigen? Konnte es verantwortet werden, das in den örtlichen Gaswerken steckende Kapital brachzulegen, die dort beschäftigten Arbeiter brotlos zu machen?

Auch diese Überlegung vermochte eine Ablehnung des Ferngases auf die Dauer nicht zu rechtfertigen. In allen praktischen Fällen erwies sich das Ferngas als stark genug, um auch über die Tilgung stillgelegter

Werksvermögen und die Aufwendungen für Pensionen und Abkehrgelder hinaus noch einen erheblichen Gewinn abzuwerfen. Aus den Ersparnissen, die der Ferngasbezug brachte, konnte ein Kapital angesammelt werden, das nach Vertragsablauf genügt, um ein neues Werk zu erstellen. Zudem brachte die verbesserte Versorgungsgrundlage eine Ausweitung des Wirtschaftsvolumens der Gasversorgung und damit neue Arbeitsmöglichkeiten für Rohrleger, Gaseinrichter, Erdarbeiter usw., ähnlich wie auch die Elektrizitätswirtschaft heute, wo ihr Schwergewicht auf der Verteilung des Stromes beruht, viel mehr Leute beschäftigt, als früher, wo die Einzelerzeugung des Stromes noch gang und gäbe war.

Aber bedeutete die Heranziehung des Ferngases nicht einen Eingriff in die Grundrechte der Kommunalwirtschaft, wurde nicht die Tarifhoheit beseitigt, der für die Stadtkasse unentbehrliche Reingewinn der Gaswerksbetriebe geschmälert?

Die Ferngaslieferanten ließen die Tarifhoheit unangetastet. Ihnen ging es der Natur der Sache nach um den Absatz großer Gasmengen an gemeindliche und gewerbliche Großverbraucher. Die Gasverteilung innerhalb der Gemeinden blieb nach wie vor ausschließliches Recht der letzteren. Die Einnahmen der Stadtkassen erfuhren nicht nur keine Schmälerung, die verminderten Beschaffungskosten erhöhten vielmehr die Gewinnspanne und erweiterten das Betätigungsfeld der öffentlichen Hand.

So mußte aber doch aus sicherheitstechnischen Gründen auf einer Beibehaltung der heutigen Versorgungsart bestanden werden?

Auch diese Annahme erwies sich bei näherer Betrachtung als trügerisch. Die Zusammenballung der Hälfte der deutschen Gaserzeugung auf nur 17 voneinander getrennte Großgaserzeugungsstätten, wie sie heute besteht, ist sicherheitstechnisch alles andere als ein Idealzustand. Kein Werk steht zum anderen in Reserve, keine Möglichkeit besteht, im Notfalle auf benachbarte Lieferquellen zurückgreifen zu können. Erst die Kupplung leistungsfähiger Anlagen in Bergbau und Binnenland untereinander durch leistungsfähige Rohrstränge bringt die höchstmögliche Sicherheit.

So fiel ein Bedenken nach dem andern durch die praktische Erfahrung oder durch genauere fachliche Untersuchungen in sich zusammen. Mehr und mehr wuchs der Großraumgedanke empor.

Aber auch die Gefahren der Großraumwirtschaft traten im vergangenen Jahrzehnt ans Tageslicht. Nur bei hinreichender Rohrbelastung erwies sich die Wirtschaftlichkeit der Großraumversorgung als gesichert. Fehlschläge, die sowohl bei der Gruppengasversorgung als auch bei der Ferngasversorgung auftraten, zeigten die Klippen, die umschifft werden mußten.

Heute kann das große gaswirtschaftliche Ringen, dessen Hauptzüge hier skizziert wurden, im wesentlichen als abgeschlossen gelten.

Und erst jetzt ist die Zeit herangereift, um aus den Erfahrungen und Er-
kenntnissen des verflossenen Jahrzehnts das Fazit zu ziehen.

Ergab sich schon aus den ersten Vorbetrachtungen dieser Arbeit
die Notwendigkeit und Vordringlichkeit einer Großraumplanung in der
deutschen Gasversorgung an sich, so folgte aus den weiteren Untersuchungen, wie mannigfach die Gesichtspunkte sind, die bei der praktischen Gestaltgebung berücksichtigt werden wollen. Neue Wege des
Selbstkostenvergleiches mußten beschritten, neue Maßstäbe für die Berechnung der Gasversandkosten eingeführt werden, um zu einem einfachen und geschlossenen Gesamtbild der wirtschaftlichen Grundgesetze
der Großraumwirtschaft zu gelangen. Der gesamte Werdegang der deutschen Gasversorgung mußte verfolgt werden, um zum eingehenderen
Verständnis des Bestehenden zu gelangen. Bis tief in die kapitalwirtschaftlichen Zeitgesetze mußte die Untersuchung durchgeführt werden,
um auch auf diesem Gebiete die Lehren der Vergangenheit für die zukünftige Gestaltung fruchtbar zu machen. Eingehend mußten die
mengen- und preismäßigen Grundlagen des Zechen-, oder, wie es hier
zur besseren Kennzeichnung seiner Wesensart genannt wurde, des Bereitschaftsgases des deutschen Bergbaus untersucht werden. Und erst,
als sich aus allen diesen wirtschaftlichen, technischen, sicherheitstechnischen und allgemeinwirtschaftlichen Voruntersuchungen die Ferngasverbundwirtschaft als die bestmögliche Form der Großraumwirtschaft
in der deutschen Gasversorgung erwiesen hatte, konnte darangegangen
werden, in Gestalt eines deutschen Gasringplanes mit voller Verantwor-
tung einen fester umrissenen Plan für die praktische Durchführung der
Großraumwirtschaft herauszustellen. Einen Plan, der hier zwar nur in
großen Zügen skizziert werden konnte, der aber in mannigfacher Hinsicht
der ernsthaftesten Erörterung wert ist. Dies um so mehr, als an Hand
eines neu entworfenen Schaltbildes der gesamten deutschen Energieversorgung gezeigt werden konnte, welche wertvollen Rückwirkungen
die neue Versorgungsart auch auf andere Zweige der Energieversorgung,
wie insbesondere auch auf die Lösung der heimischen Treibstoffrage, aus-
zuüben vermag.

Vergegenwärtigt man sich die bedeutsamen energiewirtschaftlichen
Ausblicke, die durch eine solche Großraumwirtschaft eröffnet werden,
so mag man vielleicht zunächst bedauern, daß das Gasfach durch seinen
Bruderkampf ein volles Jahrzehnt seiner Entwicklung verloren hat.
Wichtiger aber ist, daß dieses Jahrzehnt die erforderliche Klarheit gebracht hat, und daß vor allem nichts geschehen ist, was einer großzügigen Gesamtlösung der deutschen Gasfrage den Weg verbaut hätte.
In dieser Hinsicht befindet sich das deutsche Gasfach im Vorteil gegenüber der Elektrizitätswirtschaft, deren im stürmischen Vorwärtsdrange
durchgeführten an sich großzügigen Maßnahmen doch eines organischen
übergeordneten Zusammenhanges entbehren, eine Gefahr, die im Gas-

fache bei entschlossenem und einheitlichem Vorgehen heute noch vermieden werden kann.

Inzwischen hat das von der nationalsozialistischen Regierung her-
ausgebrachte Energiewirtschaftsgesetz vom 13. Dezember 1935 auch die
gesetzliche Grundlage für eine einheitliche Ausrichtung der deutschen
Gasversorgung auf das Ziel billigster und betriebssicherster Versorgung
geschaffen. Der Gedanke der Verbundwirtschaft ist dem Gesetze ausdrücklich vorangestellt. Grundlegende Eingriffsmöglichkeiten hat sich
die Reichsregierung auch in der deutschen Gasversorgung gesichert.

Damit ist auch das letzte Bedenken der Bedenklichen gegen die
Ferngasverbundwirtschaft, die Monopolfurcht, gegenstandslos geworden.
Daß sie auf dem Koksmarkte unbegründet ist, war schon früher nach-
gewiesen worden, daß sie auch auf dem Gasmarkte sinnlos ist, dafür
bietet das Energiewirtschaftsgesetz nun auch die letzte gesetzliche Bürg-
schaft.

Gestützt auf die Lehren anderer Wirtschaftszweige und gefestigt
durch eigenes Forschen und Handeln, hat die deutsche Gaswirtschaft
heute die Möglichkeit, an der Errichtung eines stolzen und wetterfesten
Gesamtbaues höchstleistungsfähiger deutscher Energieversorgung tat-
kräftig und erfolgreich mitzuarbeiten. Diesem Ziele zu dienen, war
auch das Streben der vorliegenden Arbeit. Möge sie zu ihrem Teile der
deutschen Volkswirtschaft nützlich sein.

Anhang.

Beziehungen zwischen stufenweisem Werksausbau und Kapitaldienst.

Bezeichnungen:

Q $=$ allgemeine Bezeichnung für einen beliebigen Jahresgasverbrauch.

$Q_e =$ Jahresgasverbrauch am Ende eines längeren Entwicklungsabschnittes.

$Q_l = Q_{gesamt} =$ Summe der Verbrauchsmengen innerhalb des betrachteten Entwicklungsabschnittes.

$m =$ Dauer des betrachteten Entwicklungsabschnittes.

$L =$ höchste erforderliche Tagesleistung einschl. normaler Ausbesserungsreserve (allgemein).

$L_e =$ wie vor, jedoch am Ende eines Entwicklungsabschnittes.

$t = \dfrac{Q}{L} = \dfrac{\text{Jahresverbrauch}}{\text{höchste Tagesleistung}} =$ »Belastungsziffer«.

A (A_e, A_z usw.) $=$ Anlagekapital.

$s =$ spezifisches Anlagekapital $= \dfrac{A}{L}$.

$q =$ Kapitaldienstquote $=$ Zinsen plus Tilgung, ersparte Zinsen zur Tilgung verwendet, so daß q während der gesamten Tilgungsdauer konstant ist. Die Tilgungsdauer wird gleich der Abschreibungsdauer $=$ der Nutzungsdauer gesetzt, so daß nach Ablauf der Nutzungsdauer das Anlagekapital getilgt ist (vereinfachende, hier zulässige Annahme).

$z =$ Anzahl gleich großer Ausbaustufen.

Annahme: Der Anstieg des Verbrauches vollzieht sich nach einer geraden Linie.

Hätten wir eine statische Wirtschaft, d. h., wäre der Verbrauch jahraus, jahrein gleichbleibend und die Leistungsfähigkeit einer Anlage immer voll ausgenutzt, so würde sich, zeitlich betrachtet, der denkbar niedrigste Kapitaldienst ergeben, weil keinerlei Entwicklungsspielraum mit durchgeschleppt zu werden brauchte. Diese **untere Grenze des Kapitaldienstes** liegt nach Abb. 50a bei

$$k = \frac{q \cdot s}{t} \quad \ldots \ldots \ldots \ldots \ldots \quad (1)$$

Würde dagegen die Anlage von vornherein auf die volle Endleistung L_e ausgebaut, während der Verbrauch erst allmählich von 0 auf den Endwert Q_e anwüchse, so würde der Kapitaldienst, wieder

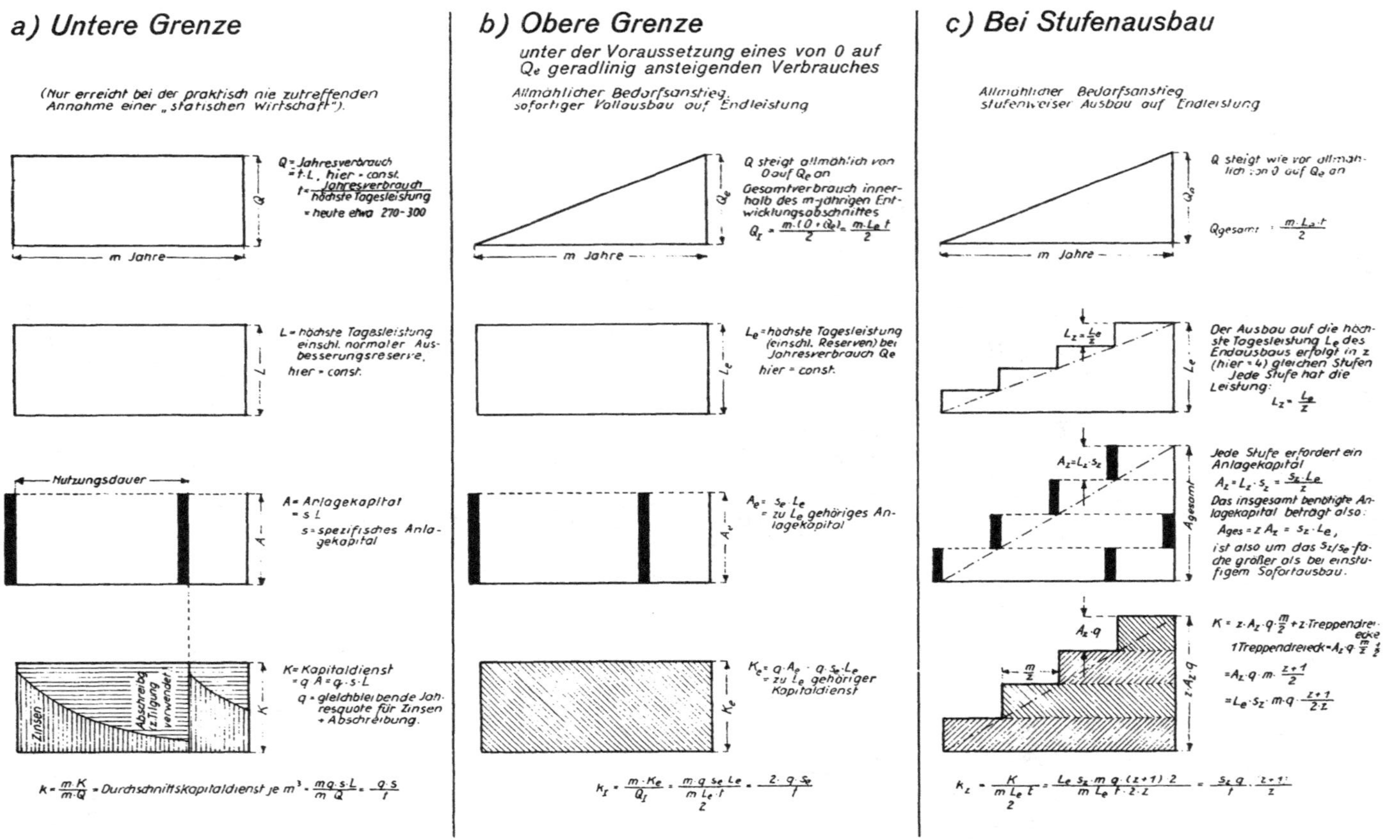

a) Untere Grenze

(Nur erreicht bei der praktisch nie zutreffenden Annahme einer „statischen Wirtschaft")

Q = Jahresverbrauch = $z \cdot L$, hier = const.
$t = \dfrac{\text{Jahresverbrauch}}{\text{höchste Tagesleistung}}$ = heute etwa 270—300

L = höchste Tagesleistung einschl. normaler Ausbesserungsreserve, hier = const.

A = Anlagekapital = $s \cdot L$.
s = spezifisches Anlagekapital

K = Kapitaldienst = $q \cdot s \cdot L$
q = gleichbleibende Jahresquote für Zinsen + Abschreibung.

$k = \dfrac{m \cdot K}{m \cdot Q} =$ Durchschnittskapitaldienst je m³ $= \dfrac{m \cdot s \cdot L}{m \cdot z \cdot L} = \dfrac{q \cdot s}{z}$

b) Obere Grenze

unter der Voraussetzung eines von 0 auf Q_e geradlinig ansteigenden Verbrauches

Allmählicher Bedarfsanstieg, sofortiger Vollausbau auf Endleistung

Q steigt allmählich von 0 auf Q_e an.
Gesamtverbrauch innerhalb des m-jährigen Entwicklungsabschnittes
$Q_1 = \dfrac{m}{2}(0 + Q_e) = \dfrac{m \cdot z \cdot L}{2}$

L_e = höchste Tagesleistung (einschl. Reserven) bei Jahresverbrauch Q_e
hier = const.

$A_e = s \cdot L_e$ = zu L_e gehöriges Anlagekapital

$K_e = A_e \cdot q = q \cdot s \cdot L_e$ = zu L_e gehöriger Kapitaldienst

$k_1 = \dfrac{m \cdot K_e}{Q_1} = \dfrac{m \cdot q \cdot s \cdot L_e}{\frac{m}{2} \cdot L_e \cdot t} = \dfrac{2 \cdot q \cdot s}{t}$

c) Bei Stufenausbau

Allmählicher Bedarfsanstieg, stufenweiser Ausbau auf Endleistung

Q steigt wie vor allmählich von 0 auf Q_e an
Gesamt: $\dfrac{m \cdot L_e \cdot t}{2}$

Der Ausbau auf die höchste Tagesleistung L_e des Endausbaus erfolgt in z (hier 4) gleichen Stufen. Jede Stufe hat die Leistung $L_z = \dfrac{L_e}{z}$

Jede Stufe erfordert ein Anlagekapital
$A_z = L_z \cdot s = \dfrac{s \cdot L_e}{z}$
Das insgesamt benötigte Anlagekapital beträgt also:
$A_{ges} = z \cdot A_z = s \cdot L_e$,
ist also um das $\frac{z+1}{z}$-fache größer als bei einstufigem Sofortausbau.

$K = z A_z q \frac{m}{2} + z\,\text{Treppendreiecke}\ A_z q \frac{t}{2}$
= $A_z q\,m\,\frac{z+1}{2z}$
= $L_e s q\,\frac{z+1}{2z}$

$k_2 = \dfrac{K}{m L_e t} = \dfrac{L_e s \cdot m q \frac{(z+1)}{2z} \cdot 2}{m L_e t} = \dfrac{s q}{t} \cdot \dfrac{z+1}{z}$

Abb. 50. Durchschnittlicher Kapitaldienst innerhalb einer m-jährigen Entwicklungszeit.

zeitlich betrachtet, seine für den Fall geradlinigen Bedarfsanstieges von 0 auf Q_e überhaupt nur denkbare obere Grenze erreichen, weil über die ganze Entwicklungsperiode der denkbar größte Entwicklungsspielraum mit durchgeschleppt werden müßte. Und zwar würde sich der Kapitaldienst im Durchschnitt nach Abb. 50b verdoppeln:

$$k_l = \frac{2 \cdot q \cdot s_e}{t}. \quad \dots \dots \dots \dots \quad (2)$$

Zwischen beiden Grenzfällen liegt derjenige Kapitaldienst, der sich bei ebenfalls von 0 auf Q_e ansteigendem Verbrauche ergibt, wenn der Ausbau allmählich, z. B. in z gleichen Ausbaustufen, erfolgt. In diesem Falle, der hier vor allem interessiert, ergibt sich der durchschnittliche Kapitaldienst nach Abb. 50c zu

$$k_z = \frac{s_z \cdot q}{t} \cdot \frac{(z+1)}{z}. \quad \dots \dots \dots \dots \quad (3)$$

Bei der Aufstellung dieser Gleichungen konnte der Fälligkeitszeitpunkt der einzelnen Kapitaldienstbeträge unberücksichtigt bleiben, weil es sich hier erstens nur um die Berechnung von Durchschnittswerten handelt, und weil zweitens die Berücksichtigung dieses Faktors das sowieso erzielte Ergebnis nur noch unterstreichen würde und somit als Rechnungsreserve betrachtet werden kann.

Gl. (2) stellt nur einen Sonderfall von Gl. (3) dar, wie man leicht erkennt, wenn man in letzterer $z = 1$ und $s_e = s_z$ setzt.

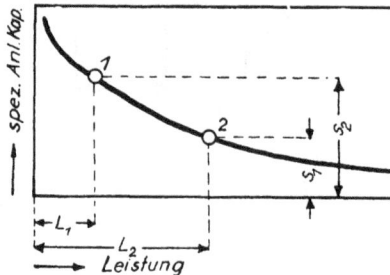

$$\frac{s_1}{s_2} = \left(\frac{L_1}{L_2}\right)^f,$$

worin f = ein für jede Anlagegattung charakteristischer, empirisch zu bestimmender Exponentialwert.

Abb. 51. Allgemeine Form einer Kurve: Spezifisches Anlagekapital/Leistung.

Zwischen dem spezifischen Anlagekapital s und der Leistungsfähigkeit L einer Anlage besteht nun bekanntlich die in Abb. 51 dargestellte Beziehung: je größer L, desto kleiner s. s nimmt jedoch

nicht proportional mit L ab, sondern nach einer Kurve, deren einfachste mathematische Form lautet:

$$\frac{s_1}{s_2} = \left(\frac{L_1}{L_2}\right)^f, \quad \ldots \ldots \ldots \ldots \quad (4)$$

wobei der Exponentialwert f aus einer größeren Reihe praktischer Werte von s und L durch Logarithmierung empirisch abzuleiten ist. f ist durchweg negativ.

Aus Gl. (4) folgt nun weiter

$$\frac{s_e}{s_z} = \left(\frac{L_e}{L_z}\right)^f = \left(\frac{L_e}{L_{e/z}}\right)^f = z^f \text{ und}$$

$$s_z = s_e \cdot z^{-f}. \quad \ldots \ldots \ldots \ldots \ldots \quad (5)$$

Durch Einführung dieses Wertes in Gl. (3) erhält man schließlich die

allgemeine Gleichung für den zeitlichen Durchschnitt des Kapitaldienstes bei einem in z Stufen gleichförmig aufgeteilten Bauprogramm und einem angenommenen geradlinigen Anstieg des Verbrauches

zu:

$$k = \frac{q}{t} \cdot s_e \cdot \frac{z+1}{z^{(f+1)}}, \quad \ldots \ldots \ldots \quad (6)$$

deren letztes Glied angibt, um wieviel sich der zeitliche Durchschnittswert des Kapitaldienstes durch das Vorhalten von Entwicklungs- oder Wachstumsreserven erhöht.

Das Schlußglied wird daher als »Wachstumsbeiwert« w bezeichnet:

$$w = \frac{z+1}{(f+1)}. \quad \ldots \ldots \ldots \ldots \quad (7)$$

In Abb. 23 (S. 57) ist nun für verschiedene Stufenzahlen z und verschiedene Exponenten f eine Reihe von Kurven für w aufgetragen. Es entstanden die dünn ausgezogenen Linienzüge, deren oberhalb 2,0 liegender Teil freilich nur zur Vervollständigung dient. Man erkennt, daß es für jedes f eine (auch mathematisch leicht abzuleitende) günstigste Stufenzahl gibt, für die der verteuernde Wachstumsbeiwert am kleinsten wird, und daß der jeweils günstigste Wachstumsbeiwert mit abnehmendem Exponenten f und zunehmender Stufenzahl z stark zurückgeht. Je geringer also der Exponent f ist, oder anders ausgedrückt, je weniger sich das spezifische Anlagekapital als größenveränderlich zeigt, um so zweckmäßiger wird die Aufteilung des Bauprogramms in mehrere Einzelstufen, und um so niedriger wird der Wachstumsbeiwert.

Da nun die Kurve der spezifischen Anlagekosten, aus denen sich ja f errechnet, bei fast allen Anlagen zuerst, d. h. bei kleineren Leistungen L, ziemlich steil, dann flacher und schließlich mehr oder minder horizontal verläuft, nimmt auch der Exponent f mit zunehmender Anlagegröße im allgemeinen ab.

Das bedeutet aber nichts anderes, als daß die Sammelerzeugung, deren Wirkung ja in hohem Maße auf einer Erhöhung der Größenordnung der einzelnen Anlagen oder auf ihrer Zusammenfassung zu größeren Einheiten beruht, zu einer Verminderung des Wachstumsbeiwertes und damit des durchschnittlichen Kapitaldienstes führen muß.

Sachverzeichnis.

HANDBUCH DER GASINDUSTRIE

Herausgegeben von **Dr.-Ing. Horst Brückner**

GASINSTITUT KARLSRUHE

Anlageplan und Mitarbeiter

VERLAG R. OLDENBOURG · MÜNCHEN 1 UND BERLIN

www.ingramcontent.com/pod-product-compliance
Lightning Source LLC
Chambersburg PA
CBHW081225190326
41458CB00016B/5683